新型固态电池
电解质材料与应用

张 瑶 车海冰 著

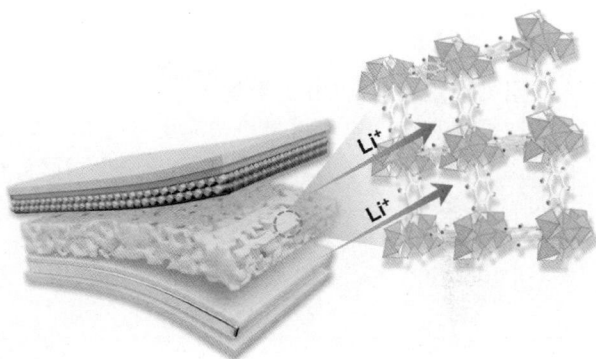

化学工业出版社

·北京·

内容简介

　　《新型固态电池电解质材料与应用》以电化学能源存储技术为主线，系统总结了近年来电化学能源存储技术领域的研究成果与实践经验，详细介绍了固态电解质材料的合成方法、表征技术，以及在金属电池性能测试中的关键作用。

　　全书主要内容为：固态锂/钠离子电池固体电解质概述、固态电解质制备与表征技术、新型电解质材料在固态锂离子电池中的应用、新型固态电解质的应用前景和未来挑战。同时，本书广泛参考了国内外相关领域的权威学术资料，全面展示了该领域的前沿进展与创新成果。

　　本书可供电化学储能和固态材料相关领域科研、工程和管理人员参考，也适合高等学校化学、材料科学、物理学等专业的师生参阅。

图书在版编目（CIP）数据

新型固态电池电解质材料与应用 / 张瑶，车海冰著.
北京：化学工业出版社，2025. 6. -- ISBN 978-7-122
-48096-5

　Ⅰ. TM911. 3; TB33
中国国家版本馆 CIP 数据核字第 2025X6Q719 号

责任编辑：王海燕　　　　　　　　文字编辑：徐　秀　师明远
责任校对：杜杏然　　　　　　　　装帧设计：张　辉

出版发行：化学工业出版社
　　　　　（北京市东城区青年湖南街 13 号　邮政编码 100011）
印　　装：河北京平诚乾印刷有限公司
880mm×1230mm　1/32　印张 6　彩插 9　字数 170 千字
2025 年 6 月北京第 1 版第 1 次印刷

购书咨询：010-64518888　　　　　　售后服务：010-64518899
网　　址：http://www. cip. com. cn
凡购买本书，如有缺损质量问题，本社销售中心负责调换。

定　　价：65. 00 元　　　　　　　版权所有　违者必究

张　瑶

女，1987 年 10 月生，内蒙古工业大学工学博士，南开大学化学系访问学者，内蒙古"321 人才工程"第三层次人选，内蒙古工业大学化工学院副教授，硕士生导师。主要从事电化学储能器件（锂离子/金属电池、超级电容器、锌离子电池等）、燃料电池、电化学催化等领域教学与科研工作。

车海冰

女，1991 年 10 月生，北京工业大学工学博士，赤峰学院化学与生命科学学院讲师。毕业于北京工业大学，现就职于赤峰学院化学与生命科学学院化工系。主要从事染料敏化太阳能电池对电极材料、石墨相氮化碳材料的改性及其光电催化性能研究。

前 言

随着全球经济的持续发展以及能源需求的不断增加，清洁能源和可再生能源的研究与应用已成为不可逆转的趋势。为了加速新型储能技术的发展，国家发展和改革委员会、国家能源局联合发布了《关于加快推动新型储能发展的指导意见》，明确提出大规模储能是国家的战略重点。

为了高效、安全地实现这一目标，必须在现有技术的基础上持续进行创新。能量存储技术主要分为物理能量存储和化学能量存储。物理能量存储方式，如抽水蓄能、压缩空气蓄能和飞轮蓄能，虽然应用广泛，但普遍面临占地面积大和初期投资高等问题。相比之下，电化学储能作为一种将能量转化为化学能并加以储存的新方法，展现出更大的灵活性和环境适应性，且更易于实现大规模应用。在电化学能量存储领域，锂离子电池凭借其高能量密度、长循环寿命和良好的回收性，已成为主流选择。

锂离子电池的基本构成包括正极、负极、隔膜和电解液：电解液负责离子的传输和电流的导通，而隔膜则保护正负极，防止短路。然而，在充放电过程中，锂金属在沉积时容易形成枝晶，造成隔膜穿孔等安全隐患，因此，固态电解质体系应运而生。固态电解质不仅能够与高能量密度的正极材料相匹配，同时可替代传统石墨负极的金属锂，也有助于提升电池的整体能量密度。因此，开发具有高离子电导率、高迁移数、宽电位窗口、优良循环性能和高容量保持率的固态电解质，成为推动储能技术发展的关键所在。本书第1章详细介绍了固态锂离子电池和钠离子电池的基本工作原理、优势以及传统和新型电解质材料，特别是无机、有机聚合物和金属有机框架（MOFs）、共价有机框架（COFs）等新型固体电解质的特性和应用前景。作为电池的关键组件，固态电解质的发展直接推动了固态电池技术的进步。尽管目前已有多种类型的固态电解质在实际应用中取得了一定成功，但普遍存在离子电导率和迁移数不高的问题。因此，亟须进一步研发实用且可进行商业化生产的新型固态电解质。在本书第3章至第8章详细讨论了各种电解质材料的制备、结构表征及其在固态锂离子电池中的电化学性能，包括离子电导率、离子迁移数、电化学窗口和循环稳定性。

本书由内蒙古工业大学（第一单位）张瑶和赤峰学院车海冰共同撰写。其中，张瑶负责第2~8章的撰写与全书插图和文献的整理工作；车海冰负责第1章、第9章的撰写工作。

本书在实验及出版过程中，得到国家自然科学基金项目（22165021）、内蒙古自治区教育厅一流学科科研专项项目（YLXKZX-NGD-050）、内蒙古自治区自然科学基金面上项目（2025MS02009）的资助。

著者广泛参考了国内外相关领域的权威学术资料，在此对相关学者表示由衷感谢！

由于著者水平及时间所限，书中不妥之处在所难免，欢迎广大读者批评指正。

著　者

2025 年 1 月

目　录

第 1 章　　固态电解质基础

1.1　固态锂/钠离子电池

1.1.1　固态锂离子电池的工作原理

　　传统锂离子电池主要由正极材料、负极材料、电解液和隔膜等组件构成。其中，正负极材料的选择直接影响电池的容量，而离子的传输则受到电解液和隔膜性能的制约。与传统的液体电解质和隔膜相比，固态锂离子电池采用固态电解质作为替代物，其工作原理与液态锂离子电池类似，均属于"摇椅式电池"结构，即由正极、电解质和负极三部分组成，形成类似"三明治"的层次结构。正极材料可选择氧化锂钴、磷酸铁锂、锰酸钾等可逆存储和释放锂离子的材料，而负极材料通常选择能够有效容纳锂离子并维持电池稳定性的锂金属或锂合金材料。在充放电过程中，电解质作为离子的传输载体，锂离子在正负极之间移动，外部电路则负责电子的导通。固态电解质在实现离子传导的同时，亦承担隔膜的功能，确保电池的安全性与稳定性。

1.1.2　固态锂离子电池的优势

　　在充放电过程中，液态电解质往往会在电极界面产生锂枝晶，这可能导致电池短路等安全隐患。相比之下，固态电解质能够有效减缓此类现象，显著提升固态锂电池的安全性和耐受性。固态电解质不仅具有防泄漏、阻燃和抑制枝晶生长的特性，还因其优越的化学稳定性和宽广的电化学稳定窗口，能够匹配高电压和高比容量的正极材料。此外，固态电解质能有效防止正负极接触，形成刚性屏障，减少内部短路的风险。固态电池还可以直接采用金属锂作为负极，取代传统石墨负极，显著提高电池的整体能量密度，使得搭载固态电池的新能源汽车能够实现更长的续航里程。

1.1.3　固态钠离子电池的工作原理

固态钠离子电池由固态正电极材料、固态电解质和固态负电极材料构成，其工作原理与液体电解质的钠离子电池类似。如图 1-1 所示，液体电解质的钠离子电池由正极、负极、电解液和隔膜组成，其中电解质与电极之间的接触为固液接触。而在固态钠离子电池中，电解质与电极之间为固-固接触。

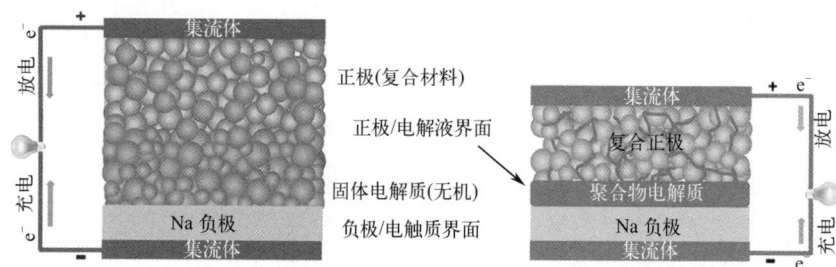

图 1-1　无机（左）和聚合物（右）电解质的全固态钠电池示意图（见彩插）

在固态电池中，正电极材料主要是活性物质，负责大量集合钠正离子。在化学电势的作用下，钠原子失去电子成为钠离子，这些电子通过外电路流向负电极；钠离子则通过固态电解质向负极迁移。固态负电极材料的作用是储存这些钠离子，这些离子在与电子结合后再次向正电极迁移。正负极所用的材料在很大程度上决定了电池的能量密度。固态电解质的作用在于确保钠离子在正负极之间的顺利传导，同时起到隔膜的功能。

1.1.4　固态钠离子电池的优势

固态钠离子电池完全消除了电解液腐蚀和泄漏的安全隐患，具有更高的热稳定性。其电池单体的电压可达到 $4.0 \sim 5.0\text{V}$，足以与高电压电极材料相匹配，从而实现较高的能量密度。作为单离子导体，固态钠离子电池不存在副反应，因而使用寿命更长。此外，电池由固态功能块拼装，不仅能够减轻整体重量，还能降低生产成本。这些优势使得固态钠离子电池在安全性、性能和经济性方面都具有显著的潜力。

1.2　传统固态电解质材料

目前，固态电解质的研究领域包括无机固态电解质、聚合物固态电解质、复合固态电解质，以及新兴的金属有机框架（MOFs）和共价有机框架（COFs）基固态电解质。无机固态电解质涵盖钙钛矿、石榴石类型的固态氧化物、硫化物和氮化物电解质。然而，无机固态电解质因其较大的机械强度，易导致裂痕、失效或电池短路。聚合物固态电解质一般表现出较低的离子电导率和迁移数。复合固态电解质通过结合不同材料的优势提高了力学性能和离子导电性能，但其电极与电解质界面的稳定性仍需进一步提升。

1.2.1　传统锂离子固态电解质

1.2.1.1　无机锂离子固态电解质

无机固态电解质中的离子导电机制通常依赖于离子点缺陷的运动，而这一过程需要能量。因此，这类固态电解质更适合于高温应用。然而，有几种已被研究的无机固态电解质在相对较低的温度下也展现出较高的离子导电性。

（1）钙钛矿型（PEROVSKITE 型）

$Li_{3x}La_{2/3-x}TiO_3$ 是典型的钙钛矿固态电解质，其在室温下的锂离子电导率可达 10^{-3} S/cm 以上。尽管研究人员对这种材料表现出极大的兴趣，但该材料与锂金属接触时，Ti^{4+} 化合价的降低限制了其在电池中的应用。

（2）石榴石型（GARNET 型）

石榴石型电解质的通式为 $A_3B_2Si_3O_{12}$（其中 A、B 阳离子分别为八重配位和六重配位）。自 1969 年首次发现 $Li_3M_2Ln_3O_{12}$（M＝W 或

Te，Ln 为镧系元素）以来，已形成一系列石榴石型材料。其中，$Li_{6.5}La_3Zr_{1.75}Te_{0.25}O_{12}$ 电解质在室温下的离子电导率为 $1.02 \times 10^{-3} S/cm$。

（3）钠超离子导体型（NASICON 型）

NASICON 型化合物的研究始于 20 世纪 60 年代。这类材料通常采用分子式 $AM_2(PO_4)_3$，其中 A 位可以是 Li、Na 或 K，M 位可以是 Ge、Zr 或 Ti。特别是，$LiTi_2(PO_4)_3$ 体系已获得广泛研究。$Li_{1+x}Al_xGe_{2-x}(PO_4)_3$ 体系以其较宽的电化学稳定窗口而受到关注，NASICON 型材料也被认为适用于高压电池的电解质。

（4）硫化物型（SULFIDES 型）

自 1986 年开始，硫化物型固态电解质的研究逐渐展开。目前，硫化物电解质依然面临离子电导率低、界面阻抗高及电解质与电极的相容性差等问题。尽管已在解决这些问题上取得了一定进展，但距离实际应用仍存在较大挑战。

1.2.1.2 有机聚合物锂离子固态电解质

用于锂离子电池的聚合物电解质通常分为三类：干燥型聚合物电解质、凝胶型聚合物电解质和复合型聚合物电解质。干燥型聚合物电解质在室温下的离子电导率极低。凝胶型聚合物电解质因其能改善界面稳定性而受到广泛研究。复合聚合物电解质的聚合物主体通常为聚环氧乙烷（PEO）、聚丙烯腈（PAN）或聚甲基丙烯酸甲酯（PMMA）等，其中 PEO 的应用最为普遍。

综上所述，无机陶瓷电解质和有机聚合物电解质均存在低离子电导率和低离子迁移数的问题。因此，为了从根本上提升全固态电池的性能，迫切需要深入研究如何提升固态电解质的离子电导率和迁移数。

1.2.2 传统钠离子固态电解质

钠基固态电解质按组成可分为四类，其中比较成熟的有三类：无机固态电解质（ISEs）、聚合物固态电解质（SPEs）和复合固态电解质（CSEs）。这三类电解质在钠离子电池中应用广泛，具有不同的优缺点和应用场景。第四类为近几年新兴的金属有机框架（MOFs）基固态电解质，这类电解质因其独特的结构和优异的性能而受到越来越多的关注。常见钠离子固态电解质的离子电导率如图 1-2 所示，这一数据为进一步优化和选择电解质材料提供了重要参考。

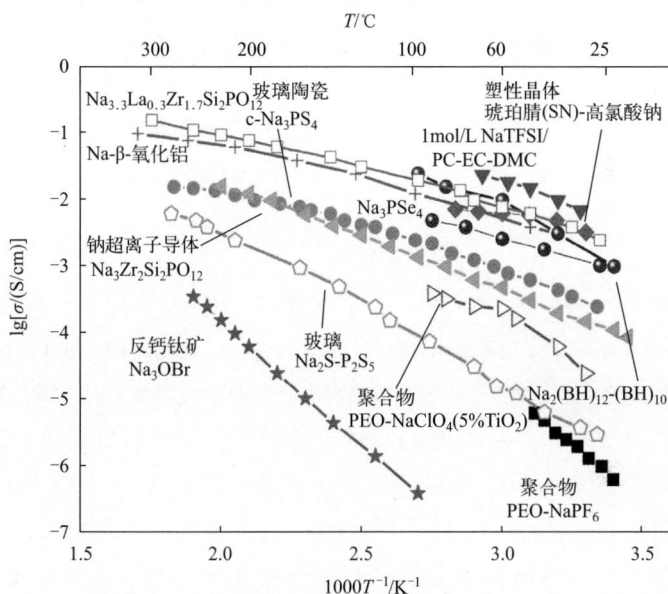

图 1-2　常见钠离子固态电解质的离子电导率

1.2.2.1　无机钠离子固态电解质

（1）离子传输机制

在无机固态电解质中，离子传导主要依赖于晶体结构中的缺陷，特别是点缺陷。点缺陷的机制可分为空位机制和非空位机制。空位机制：在这一机制中，传输离子通过与相邻的空位进行位置交换来实现扩散。整个扩散过程的动力学主要受到空位密度的影响。非空位机制：这一机制又细分为直接间隙扩散和间隙敲除扩散。在直接间隙扩散过程中，间隙离子可以直接移动到相邻的间隙位置。而在间隙敲除扩散过程中，间隙原子首先撞击基体原子，随后被移除的基体原子迁移到另一个相邻的间隙位置。相较于空位机制，非空位机制通常具有更大的迁移能垒，且框架与离子之间的相互作用也会影响扩散过程。

无机固态电解质在室温下具有较高的离子电导率（$\geqslant 10^{-4}$S/cm）、高的 Na^+ 迁移数（接近 1.0）、宽的电化学窗口（$\geqslant 4.5$V）以及高的剪切模量。此外，较高的机械强度可以有效抑制钠枝晶的生长。在近几十年的研究中，钠基电池的重点主要集中在氧化物基固态电解质上，如 Na-β-Al_2O_3 电解质和 NASICON 电解质，这些材料在离子导电性和稳定性方面表现出良好的性能。

（2）Na-β/β″-Al_2O_3 固态电解质

钠离子固态电解质的发展历史比锂离子电池早得多。20 世纪 60 年代，Kummer 及其同事开发了 β/β″-氧化铝（$Na_2O \cdot Al_2O_3$），作为可充电高温钠硫（Na-S）电池的钠离子导体。这种多晶材料在 573K 时展现出 $0.2 \sim 0.4$S/cm 的钠离子电导率。β-Al_2O_3 和 β″-Al_2O_3 具有两种不同的晶体结构，如图 1-3 所示。β-Al_2O_3 呈六方结构，而 β″-Al_2O_3 则呈菱面体结构。Na^+ 在这两种晶体结构中的输运路径都是二维的，区别在于导电层中 O^{2-} 的化学计量比和堆积顺序。基本单元由尖晶石块和交替的导电平面组成，导电平面由堆积的 O^{2-} 和 Na^+ 构成。由于不同氧堆积顺序的导电平面中 Na^+ 浓度较高，β″-Al_2O_3 显示出更高的离子电导率。在室温下，单晶 Na-β″-Al_2O_3 的离子电导率可高达 1.0×10^{-1}S/cm，而商用的多晶 β″-Al_2O_3 产品仅达到 2×10^{-3}S/cm。一般而言，离子电导率会随着温度的升高而增加，因此，β″-Al_2O_3 单晶在 300℃时的离子电导率可提高到 1S/cm，远高于多晶 β″-Al_2O_3（在 300℃时为 0.24S/cm），这主要是由于多晶 β″-Al_2O_3 中的界面电阻所致。尽管单晶 Na-β″-Al_2O_3 的离子电导率非常高，但均匀且高离子电导率的 β″-Al_2O_3 的制备依然具有挑战性。传统的固相反应和溶液化学法在制备过程中会导致 Na 损失、颗粒长大、水分敏感性，以及掺杂 $\beta''\text{-Al}_2\text{O}_3$ 时杂质的不均匀性等问题，从而使得材料的制备变得困难。

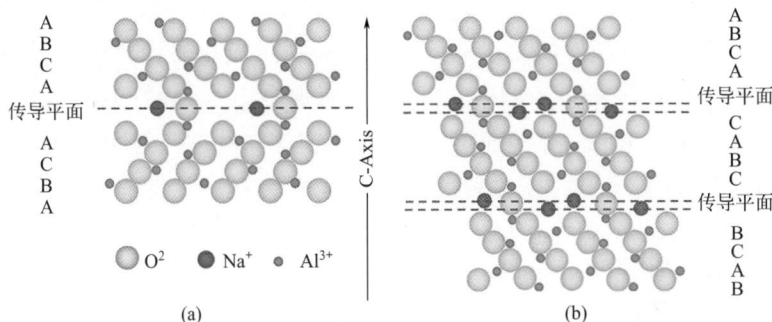

图 1-3　(a) $\beta\text{-Al}_2\text{O}_3$ 和 (b) $\beta''\text{-Al}_2\text{O}_3$ 的堆积顺序和离子导电面示意图

（3）NASICON 型氧化物固态电解质

NASICON（钠铝硅酸盐）是钠离子导体中一个重要的候选结构。与 Na$^+$ 在层状 $\beta''\text{-Al}_2\text{O}_3$ 二维平面上的迁移不同，$\text{Na}_{(1+x)}\text{Zr}_2\text{P}_{(3-x)}\text{Si}_x\text{O}_{12}$（$0 \leqslant x \leqslant 3$）提供了三维扩散路径。NASICON 的通式可写为 $\text{NaMM}'(\text{PO}_4)_3$，其中 M 和 M′ 位点可以被不同价态的过渡金属离子占据，钠离子位点可以空置或过量填充以平衡电荷，P 也可以被 Si 或 As 部分取代。在选择 M 和 M′ 掺杂剂时，需要考虑掺杂元素的化合价和离子半径，这些因素会影响移动离子与框架原子之间的库仑相互作用。适当的掺杂选择不仅能扩大离子通道，还能最小化移动离子与相邻离子之间的库仑相互作用，从而提高导电性。此外，合理的掺杂也能提高材料的密度，减小晶界电阻。NASICON 具有由相互连接的多面体构成的共价框架结构，其中 M（M′）O_6 八面体通过角共用 PO_4（SiO_4）四面体连接形成框架结构，并提供大量间隙位作为 Na$^+$ 迁移的三维通道。Na$^+$ 的传递依赖于这些三维互联通道的大小，直接影响其扩散性能。Yao 等通过同时用 Si^{4+} 和 Zn^{2+} 取代 P^{5+} 和 Zr^{4+} 形成了致密的 NASICON 型 $\text{Na}_{3.4}\text{Zr}_{1.9}\text{Zn}_{0.1}\text{Si}_{2.2}\text{P}_{0.8}\text{O}_{12}$ 电解质。锌离子取代锆位后改变了通道尺寸，并增加了结构中的 Na$^+$

含量，使得该电解质在室温下展现出创纪录的 $5.27 \times 10^{-3} \mathrm{S/cm}$ 的离子电导率。Hu 等则通过在 NASICON 结构中掺杂 La^{3+} 开发了一种新电解质 $\mathrm{Na_{3.3}Zr_{1.7}La_xSi_2PO_{12}}$，形成的多个新相［如 $\mathrm{Na_3La(PO_4)_2}$、$\mathrm{La_2O_3}$ 和 $\mathrm{LaPO_4}$］在晶界处积累，可以有效控制 NASICON 中的 Na^+ 浓度并调节晶界的化学成分，从而提高陶瓷片的相对密度。当 x 值达到 0.3 时，$\mathrm{Na_{3.3}Zr_{1.7}La_{0.3}Si_2PO_{12}}$ 展现出 $3.4 \times 10^{-3} \mathrm{S/cm}$ 的超高离子电导率。Ruan 等也证实了 La^{3+}、Nd^{3+} 和 Y^{3+} 等稀土金属对 $\mathrm{Na_3Zr_2Si_2PO_{12}}$（NZSP）电解质的离子电导率有显著影响，电荷不平衡加速了 Na^+ 在 NZSP 晶格中的迁移率，从而使其离子电导率高于纯 NZSP 电解质。与 $\beta''\text{-}\mathrm{Al_2O_3}$ 类似，来自固态反应的产物不均匀。此外，固态电解质在与熔融钠接触时不稳定。

1.2.2.2 有机聚合物钠离子固态电解质

（1）离子传输机制

在聚合物电解质中，离子的传输机制主要依赖于聚合物链的局部运动，传输离子通常位于聚合物分段链的配位中心。这些聚合物链通过局部节段运动使得离子能够在不同的配位点之间进行跳跃。具体来说，聚合物链的运动使得分段的柔性和流动性增加，从而为离子提供了一个动态的环境，使其能够顺利地从一个配位点迁移到另一个配位点，如图 1-4 所示。这种跳跃机制不仅依赖于聚合物链的运动特性，还受到聚合物的化学结构、温度和相对湿度等因素的影响。通常情况下，随着温度的升高，聚合物链的运动性增强，从而促进离子的快速传输。此外，聚合物电解质的设计和优化（例如选择合适的聚合物材料和添加剂）也可以显著提高其离子导电性，从而扩大其在电化学应用中的潜力。

（2）PEO 基固态电解质

离子导电固态聚合物的研究始于 20 世纪 70 年代，Fenton 等首次探讨了聚环氧乙烷（PEO）与碱金属盐之间形成的络合物的离子导电性。此后，PEO 成为固态聚合物的主要聚合物基质，原因

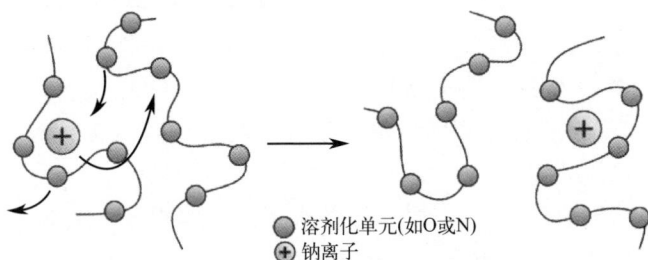

● 溶剂化单元(如O或N)
⊕ 钠离子

图 1-4 聚合物的离子传输机理

包括：

① 较低的玻璃化转变温度。PEO 的玻璃化转变温度约为－60℃，这使得聚合物具有良好的柔性。柔性的主链有助于提高离子的导电性。

② 良好的络合性能。尽管 PEO 的介电常数低于许多其他聚合物，但它对碱金属离子是非常好的络合剂，这增强了离子的导电性。

③ 电化学稳定性。PEO 的电化学稳定性适合在锂、钠电池中应用。因此，迄今为止已经发表的固态聚合物中，有一半以上是基于 PEO 主链的，PEO 在多种钠盐中的溶解能力使其成为最具吸引力的聚合物。例如，PEO 可以与有机盐［如双（氟磺酰）亚胺钠［NaFSI］、双（三氟甲磺酰亚胺）钠［NaTFSI］、三氟甲磺酸钠［NaOTF］］和无机盐（如 $NaClO_4$、$NaPF_6$、$NaBF_4$）等形成导电盐。Qi 等提出了一种由 PEO 和 NaFSI 组成的聚合物固态电解质。该电解质在 80℃时表现出钠离子迁移数为 0.16，并且具有 $4.1×10^{-4}$ S/cm 相对较高的电导率。Huang 等通过溶液浇注技术添加 $NaClO_4$ 和纳米二氧化钛制备了一种 PEO 基透明薄膜。随着 $NaClO_4$ 盐和纳米二氧化钛的增加，电解质的结晶度逐渐降低，生成更多的无定形区域和 PEO-Na$^+$ 络合物。具体来说，当纳米二氧化钛含量为 5%（质量分数）时，EO/Na＝20∶1 的电解质在 60℃时的最大离子电导率为 $2.62×10^{-4}$ S/cm。需要注意的是，这些电解质在室温下的电导率通常低于 10^{-4} S/cm，较高的离子电导率往往要求电

池在 PEO 的熔点（60～70℃）以上工作，这可能影响电池的循环稳定性。

（3）非 PEO 基固态电解质

尽管 PEO 基聚合物固态电解质具有良好的可加工性和电化学稳定性，但它们的室温离子电导率（通常为 10^{-7}～10^{-8} S/cm，在 60℃时约为 10^{-4}～10^{-5} S/cm）限制了其应用。这主要是由于 PEO 在室温下的高结晶度不利于阳离子的迁移。因此，金属钠的高反应性和低熔点推动了室温或低温固态钠离子固态电解质的发展。Du 等通过大规模离子交换策略设计了一种新型聚合物固态电解质（PFSA-Na-SPE），该材料由 PFSA-Na/NaClO₄/EC/DEC 组成（PFSA-Na 表示钠形式的全氟磺酸树脂粉末）。得到的电解质不仅具有优良的力学性能，有效抑制钠树枝晶的形成，还展现出高达 4.7V 的电化学稳定性，以及常温下 1.59×10^{-4} S/cm 和 35℃时 2.85×10^{-6} S/cm 的高离子电导率。此外，Sångeland 等开发了一种聚己内酯-聚三亚甲基碳（PCL-PTMC）共聚物用于钠离子聚合物固态电解质。在室温下，PCL-PTMC 的结晶度低于 PEO，且与阳离子的络合作用较弱。当 PTMC 中的三亚甲基碳单元与己内酯共聚时，破坏了 PCL 的结晶性，产生了更多的无定形区域，有利于 Na⁺ 的流动性。当摩尔比为 80∶20 时，该电解质在 25℃时的电导率超过 10^{-5} S/cm，而在 80℃时的阳离子迁移数约为 0.5。未来的研究应着重开发其他种类的单离子聚合物固态电解质，以提高离子电导率和钠离子迁移数。

1.2.2.3 复合钠离子固态电解质

在过去的十年中，研究人员为克服聚合物固态电解质和无机固态电解质的缺点推出了许多创新解决方案。其中，固态有机-无机复合材料的研发尤为突出，这种材料结合了聚合物和无机电解质的优点，有效克服了它们各自的缺陷，成为高能效钠离子电池的理想选择。这种复合固态电解质成功实现了以下几个重要目标：高离子导电性、坚固的机械强度、宽的电化学稳定窗口、改善的离子迁移数、低的界面电阻和良好的枝晶抑制能力。

（1）离子传输机制

在复合电解质中，离子传输机制往往较为复杂，如图 1-5 所示。一般认为，复合电解质的离子传输机制主要包括以下几个方面：

① 降低聚合物链的结晶度和玻璃化转变温度（T_g）。无机填料的加入可以有效减少聚合物链的结晶度，从而提高聚合物链的流动性和柔性。这种变化有助于离子在聚合物链之间的迁移，提高整体的离子导电性。

② 促进钠盐的解离。根据 Lewis 酸碱理论，无机填料的存在有助于钠盐的进一步解离，从而增加可供迁移的离子浓度。这种解离增强了电解质中钠离子的活性，使离子传输更加高效。

通过这两种机制，复合固态电解质能够在保留聚合物柔性和加工性的同时，提高离子导电性和机械强度，进而提升钠离子电池的整体性能。这些进展为未来电池技术的发展提供了新的思路和方向。

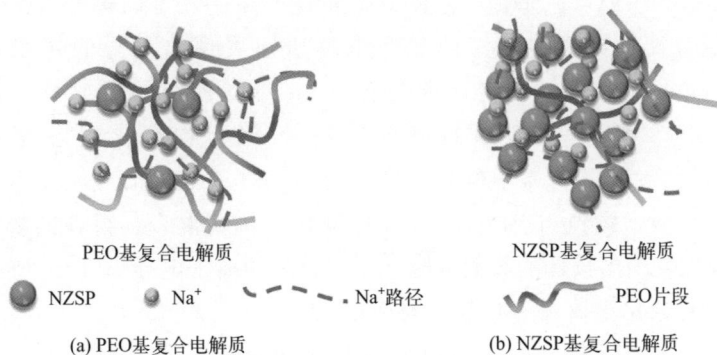

图 1-5　复合电解质中 Na^+ 传输模型示意图（见彩插）

（2）被动填料

被动填料是指不含钠离子的陶瓷材料，其主要作用是通过电解质提供钠离子。这类填料广泛应用于钠离子固态电解质中，以改变聚合物电解质的化学和物理性质。虽然被动填料的使用可以改善电解质的性能，但同时也可能降低材料的结晶度和玻璃化转变温度。常见的被动填料包括硼、TiO_2、SiO_2、$ZnFe_2O_3$、Si_3N_4、Al_2O_3 和碳量子点。研究者开发的由聚偏氟乙烯-六氟丙烯（PVDF-HFP）聚合物修饰的复合电解质（B-CPE）显示出 2.57×10^{-4} S/cm 的离子电导率和较高的迁移数（0.66），且改善了与金属钠阳极的界面稳定性。

（3）活性填料

与被动填料不同，活性填料是指含有钠离子的陶瓷材料。这些材料通常具有高离子导电性、良好的化学稳定性、宽的电化学稳定窗口和高硬度等优异特性。由于活性填料内存在缺陷，它们具有较低的活化能，能够促进 Na^+ 在不同位置之间的相互跳跃，从而提高离子的导电性。重要的是，这些填充物能够为钠离子复合固态电解质中的离子传输提供 Na^+。主要的活性填料包括 $Na_3Zr_2Si_2PO_{12}$、$Na_3Zr_{1.8}Mg_{0.2}Si_2PO_{12}$ 和 $Na_2Zn_2TeO_6$。例如，Zhang 等通过将 NASICON 填料 $Na_3Zr_2Si_2PO_{12}$ 和 $Na_3Zr_{1.8}Mg_{0.2}Si_2PO_{12}$〔40%（质量分数）〕嵌入 PEO 基质中，在 80℃下实现了高达 2.4×10^{-3} S/cm 的离子电导率及低界面电阻。此复合电解质还展现出优异的热稳定性（20～150℃）和良好的电化学性能。Cheng 等研究的由 PVDF-HFP 和 $Na_3Zr_2Si_2PO_{12}$ 陶瓷填料制成的陶瓷/聚合物杂化固态电解质（HSE）在室温下的离子电导率高达 2.25×10^{-3} S/cm。Dalvi 等通过将 NZSP 纳米颗粒与 PEO 基聚合物电解质机械混合，得到的复合固态电解质表现出较低的界面电阻、相对较高的离子电导率（10^{-4} S/cm）和较宽的电化学窗口（4.64V 与 Na^+/Na）。

尽管钠离子复合固态电解质在实验和商业实践上都有很大的潜力，但仍存在一些挑战，如低离子导电性，这使其难以与高导电液体电解质相媲美。因此，探索具有高离子导电性的新型聚合物材料和相关填料仍是未来研究的重点。虽然市场上有多种无机固态电解质可供选择，但在填料的选择上，通常仅限于两到三种流行的无机固态电解质。

1.3　新型金属有机框架固态电解质

1.3.1　金属有机框架简介

金属有机框架（metal-organic frameworks，MOFs），又称多孔配位聚合物，是由金属离子/团簇和有机配体组成的晶体配位网络。由于其较高的比表面积及结构多样性等优点，MOFs 已被广泛应用于材料合成、储能、分离、催化、荧光和传感等领域。

1.3.1.1　按材料类型分类

（1）IRMOFs 型材料

网状金属-有机框架（isoreticular metal-organic frameworks，IRMOFs）是一系列具有相似网络拓扑结构的金属有机框架。IRMOFs 因其独特性，在吸附、催化和传感等领域展现出广阔的应用前景。构建 IRMOFs 通常使用 Zn-O-C 簇和多种有机配体，因此不同的 IRMOFs 展现出不同的物理和化学特性。其中，IRMOFs 的大比表面积使其成为吸附 H_2、C、O_2 和 CH_4 等小分子气体的候选材料。

（2）MIL 型材料

拉瓦锡材料研究所框架（materials of institute lavoisier，MIL）材料的拓扑结构是由金属和羧基之间的配位键形成的。由于其特殊的结构，MIL 材料被开发并广泛应用于吸附、催化等领域。特别是 MIL 材料具有较高的比表面积和较大的孔隙率，这可能使其在水系反应中暴露更多的金属位点。

（3）CPL 型材料

层状结构系列材料（coordination pillared-layer，CPL）是以桥联配体联吡啶为支柱，与 Cu^{2+} 和 2,3-吡嗪二羧酸组成的中性二维层构成的材料。通过改变桥联配体，可以得到具有不同性质的一系列 CPL 材料。

（4）ZIFs 型材料

沸石咪唑脂框架结构材料（zeolitic imidazolate frameworks，ZIFs）是由咪唑酸盐配体连接的四面体配位金属离子组成的 MOFs，其拓扑结构与沸石同构。迄今为止，大多数已知的 ZIFs 与 M（L）$_2$ 分子筛的结构相似，其中 M 为二价四面体金属离子，L 为咪唑盐。它们的电荷中性框架提供了比沸石更大的空间，并且可以对其框架进行功能化。

（5）具有孔笼-孔道结构的 MOFs 材料

在这类材料中，每个金属簇单元与四个有机配体连接，每个有机配体单元又与三个金属簇单元连接，代表性材料为 Williams 等合成的 $[Cu_3(TMA)_2-(H_2O)_3]_n$（HKUST-1，也称 Cu-BTC）。

（6）UiO 型材料

UiO（university of oslo，UiO）材料中，较为典型的材料是 UiO-66（Zr），因其稳定性高于其他 MOFs 材料，被广泛研究。UiO-66（Zr）由锆金属团簇作为次级建筑单元以及 1,4-苯二甲酸（BDC）作为配体组成。理论上，同族钛（Ti）和铪（Hf）也能够形成等结构的 UiO-66。然而，Ti-BDC MOFs 被报道为 MIL-125 型 MOFs 而非 UiO-66 型结构 MOFs。其他能够形成 UiO-66 等结构的金属还包括铈（Ce）、铀（IV，U）和钍（Th）。UiO-66 上的路易斯酸位点可与锂盐的阴离子相互作用，进而加速锂盐的离解，这为设计合成 MOFs 基固态电解质提供了可能性。

1.3.1.2　按金属节点分类

MOFs 材料中，金属离子多为过渡金属元素，铜、锌和锆是最常见的选择。此外，近期关于 Hf-MOFs 的研究也逐渐增多。主要介绍以下几种 MOFs 材料：

（1）Cu-MOFs 材料

Cu-MOFs 材料由铜离子与有机连接体配位而成，其中以均苯三甲酸为有机连接体形成的 HKUST 型 Cu-MOFs 最为典型。2018 年，Shen 等合成了具有三维孔道的 HKUST 材料，随后通过去除通道中含有的配位溶剂分子并将其浸入碳酸丙烯酯（PC）的 LiClO$_4$ 溶液中，形成 ClO_4^- 修饰的 MOFs 并将其作为固态电解质应用于锂离子电池中。

（2）Zn-MOFs 材料

在多种 MOFs 材料中，沸石咪唑脂框架结构材料（ZIFs）是分子自组装形成的笼状化合物，其中四面体配位的阳离子通常为锌离子。与传统多孔材料相比，ZIFs 具有许多优点，例如可调控的孔径、结构多样性和易于改性等，因此 ZIFs 材料被认为在气体分离及储能领域具有广泛应用。Xia 等设计了一种由 ZIF-8、离子液体和聚合物组成的新型紫外交联复合固态电解质，该电解质的离子电导率在 30℃时可达 10^{-4} S/cm，ZIF-8 适宜的孔径可以限制嵌入离子液体的迁移，从而在聚合物链与 ZIF-8 之间形成固-液输运界面，实现离子快速输运。

（3）Al-MOFs 材料

Al-MOFs 材料一般由铝离子与有机配体配位形成的分子铝酸盐网络而成。2018 年，Fischer 等通过对羟基苯和锂铝氢化物（LAH）进行溶剂热处理后合成 Al-Td-MOF-1，并将其应用于固态电解质中，离子电导率可达到 10^{-5} S/cm。Zettl 等制备了基于 MIL-121 的固态电解质材料，通过离子交换和液体电解质浸渍，使该电解质在室温下的离子电导率可达 10^{-4} S/cm。

（4）Zr-MOFs 材料

Zr-MOFs 材料是以锆金属离子为基础的 MOFs 材料。Zr-MOFs 材料一经发现，便受到研究者的广泛关注，至今已有多种 Zr-MOFs 材料被设计和合成，常被研究的有 UiO-66 和 MOF-808 等。Zr-MOFs 材料具有以下特点：热、机械和化学稳定性高；锆氧金属中心连通性高，这使得 Zr-MOFs 具有丰富的拓扑结构，可进行种类多样的缺陷设计，以满足不同应用需求。

（5）Hf-MOFs 材料

Hf-MOFs 材料是基于四价铪离子与有机配体合成的 MOFs 材料。其丰富的结构多功能性和出色的稳定性等特性，使其被预期为具有实际应用前景的材料。2019 年，Zhu 等使用溶剂热法和水热法合成了 UiO-66 型单离子导体粉末，经过压制处理得到的固态电解质离子电导率为 2.07×10^{-4} S/cm，电化学窗口可达 4.52 V，锂离子迁移数为 0.84。随后，将以柔性 MOF 基单离子导体 UiO-双三氟甲磺酰亚胺锂（LiTFSI）为固态电解质膜，以磷酸铁锂为正极组装成固态电池，经过电化学测试表现出优异的倍率性能和循环稳定性，且在不同电流密度下上述固态电池具有接近 100% 的库仑效率。

1.3.2 新型金属有机框架锂离子固态电解质

通过对金属有机框架材料进行改性，可以将其作为二次电池的固态电解质。在保留 MOFs 拓扑结构的同时，引入其他金属以提高反应活性。此外，改变有机配体的种类或在配体上接枝具有较高离子电导率的基团，也能显著提升 MOFs 材料的离子导电性。这类固态电解质拥有多孔结构，为锂离子的迁移提供有序通道。通过共价键修饰向 MOFs 结构中引入各类基团，可以增强电解质与电极的界面稳定性和相容性。MOFs 结构中的开放金属位点能与锂盐的阴离子结合，限制其运动，从而提高锂离子的迁移数。同时，MOFs 的较低电子导电性可显著减少电池的自放电行为。

MOFs 基固态电解质的研究始于 2011 年（图 1-6）。Wiers 等利用在 Mg_2（dobdc）框架中配位不饱和的 Mg^{2+} 位点，添加有机醇盐 LiiOPr 制备固态电解质，发现其固定了阴离子 iOPr，并使锂离子更自由地移动。经过优化，该电解质的离子电导率和活化能分别为 3.1×10^{-4} S/cm

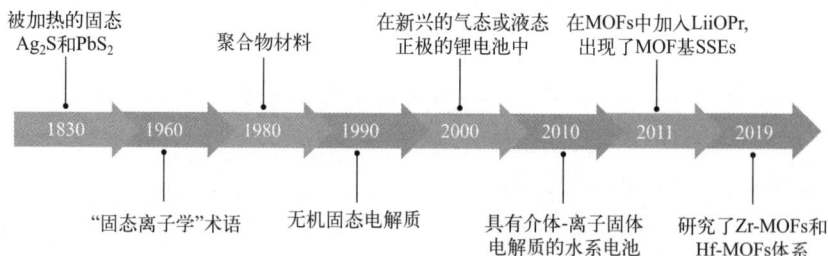

图 1-6 MOFs 基固态电解质在电池中的发展历程

和 0.15eV。2013 年，Ameloot 等研究了 UiO-66 型 MOFs，通过簇核脱水和接枝丁氧化锂的两步改性，得到了由 LiOtBu 接枝的 UiO-66 固态电解质，其离子电导率和活化能分别为 1.8×10^{-5} S/cm 和 0.18eV。

在随后的几年中，为提高各固态电解质的离子电导率，大多数 MOFs 基固态电解质选择直接在 MOFs 材料中负载离子液体。通过控制两者的配比，极大地提升了材料的离子电导率。Xu 等通过浸泡-挥发法将 1-乙基-3-甲基咪唑硫氰酸盐（［Emim］［SCN］）和 1-乙基-3-甲基咪唑双氰胺（［Emim］［DCA］）两种离子液体（IL）添加到 MIL-101 中，得到具有不同 IL 含量的 IL@MIL-101 复合材料，并研究 IL 用量对 MOFs 材料的孔隙体积、稳定性、形貌和电导率的影响。结果表明，当 MIL-101 材料的孔隙被［Emim］［SCN］完全填满时，复合材料的离子电导率在室温下可达到 1.15×10^{-3} S/cm，活化能约为 0.18eV。

此外，以 MOFs 作为填料、聚合物作为基质，与锂盐复合后，可制备聚合物 MOFs 基固态电解质。Wu 等将活化的 UiO-66 与 Li-IL 混合在真空中加热，制得 UiO/Li-IL 填料；通过超声处理，将其与均匀分散在无水乙腈中的 PEO 和 LiTFSI 溶液混合，得到了 PEO-n-UiO 复合固态电解质。在 30℃，UiO/Li-IL 添加量为 40% 时，电导率达到 1.3×10^{-4} S/cm。

Zr-MOFs 与 Hf-MOFs 中的金属簇具有连通性和结构多样性，能够满足不同场合对材料的要求。其中，MOF-808 与 UiO-66 的研究较为广泛。2019 年，Wang 等通过溶剂热反应制备了直径为 100～150nm 的均匀多面体 MOF-808，经盐酸处理后，形成带负电的材料 HMOF-808，其孔内的 H^+ 被 $Zn(H_2O)_6^{2+}$ 取代，制得单离子 Zn^{2+} 固态电解质（ZnMOF-808）。该材料在室温下的电导率为 3×10^{-7} S/cm，在较高湿度下，Zn^{2+} 溶解并导电，此时电导率和活化能在 30℃ 时分别为 2.1×10^{-4} S/cm 和 0.12eV，Zn^{2+} 迁移数高达 0.93。Zhang 等通过将 Li^+ 结合到纳米级分散的 MOFs 中的离子化学基团上，制备出

MOFs 基电解质膜，25℃时离子电导率为 1.06×10^{-3} S/cm，具有 $2.0 \sim 4.5$V 的稳定电化学窗口，离子迁移数为 0.58。Yang 等合成了 UiO-66-Br，并通过苯乙烯磺酸钠进行后合成修饰，得到 UiO-66-NaSS，经过离子交换得到 UiO-66-LiSS，其离子电导率为 6.0×10^{-5} S/cm（25℃），电化学窗口为 5.2V，活化能为 0.21eV，锂离子迁移数为 0.90。Chiochan 等通过控制混合配体与 $ZrCl_4$ 反应，得到—SO_3H 接枝的材料，加入 1mol/L 的锂盐溶液进行锂化，进一步添加锂基离子液体后，得到的固态电解质在室温下电导率为 3.3×10^{-4} S/cm。

综上所述，Hf-MOFs 及 Zr-MOFs 作为固态电解质的研究重点，通过无机和有机锂盐的两步修饰法引入锂离子，显著改善固态电解质的离子电导率，显示出在固态电池中的广泛应用前景。

1.3.3 新型金属有机框架钠离子固态电解质

金属有机框架由于其独特的结构和功能，逐渐成为钠离子电池固态电解质领域的重要研究对象。以下是 MOFs 在钠离子电池固态电解质中的应用，涵盖三个不同的体系。

（1）MOFs 掺入的聚合物杂化材料作为固态电解质

作为聚合物电解质的一种，含 MOFs 的聚合物杂化材料包括金属盐、聚合物基质、MOFs 填料，有时还包括液体增塑剂。加入 MOFs 填料或液体增塑剂可以有效地提高金属盐的离解性和聚合物的链段流动性。增强的可移动离子和迁移路径有助于提高离子电导率。MOFs 丰富的种类和可行的官能化为合理设计足够的功能填料铺平了道路，这是制备高性能固态电解质的先决条件。

（2）负载离子液体（ILs）的 MOFs 杂化材料作为固态电解质

与传统有机溶剂相比，ILs 具有许多显著的特性，包括高溶解度、高离子电导率、可忽略的挥发性、不可燃性和高热/电化学稳定性。将 ILs 封装到多孔材料，特别是 MOFs 中，是通过结合两种成分的优势来实现先进性能的有力策略。考虑 MOFs 和 ILs 的丰富性

和多样性，可以得到种类繁多的掺 ILs 的 MOFs 复合材料（IL@
MOFs）。

（3）独立 MOFs 作为固态电解质

为了实现 MOFs 中所希望的离子输运，必须将相应的金属离子
引入 MOFs 主体中。通常将 MOFs 浸入盐溶液中进行主-客体包覆，
然后过滤和干燥。与 ILs 不同，金属盐由更小的离子组成，其尺寸远
远小于 MOFs 的孔径。因此，孔限制效应主要影响盐的吸附量，而
MOFs 和盐之间的化学作用决定了离子的迁移率和迁移数。科学家报
告了 LiOtBu 接枝的 UiO-66。再次用醇氧阴离子饱和了 Zr^{4+}，并在
MOFs 孔内容纳了电荷平衡的 Li^+。LiOtBu 接枝 UiO-66 的室温离子
电导率为 1.8×10^{-5} S/cm。得益于 $tBuO^-$ 的负电荷可以被大量的脂
肪族基团屏蔽，从而削弱了 $tBuO^-$ 与 Li^+ 之间的相互作用。增强的
Li^+ 迁移率导致了 0.18eV 的低活化能。

目前 MOFs 基固态电解质多用于锂离子电池，但由于地表锂资
源分布不均和资源匮乏导致锂离子电池的成本逐渐增长，与其物理
化学性质相近的钠离子电池成了一个很好的选择。然而，MOFs 基固
态电解质在钠离子电池上的应用仍缺乏研究，与锂离子电池 MOFs
基固态电解质的文章发表数量相差甚远。Nozari 等将高离子电导率
含钠盐的 IL（$Na_{0.1}EMIM_{0.9}$）四氟硫酰亚胺引入到沸石咪唑脂框架
ZIF-8 中得到固态电解质（S-IL@ZIF-8）。在室温下离子电导率超过
2×10^{-4} S/cm，激活能低至 0.26eV。再通过球磨结晶的 S-IL@ZIF-8
固态电解质使 MOFs 框架部分非晶化来提高材料在环境空气中的稳
定性，对于部分非晶化样品进行电化学性能测试，20 天后离子电导
率的下降幅度仅为 6%。Park 等用甲醇处理了整体显阴离子的偶氮铜
金属氧化物 MIT-20 得到中性的 MIT-20d。中性 MIT-20d 与金属卤化
物反应分离 MIT-20 孔隙中的游离阳离子不限于 Li^+。MIT-20d 与
NaSCN 定量形成的 MIT-20-Na 室温下离子电导率达到 1.8×10^{-5} S/cm。

1.4 新型共价有机框架固态电解质

1.4.1 共价有机框架简介

共价有机框架（covalent organic frameworks，COFs）是通过共价键连接的有序多孔材料，由多种有机单体通过缩聚反应形成，具有低密度、高比表面积和可调孔径等特性。合成 COFs 的关键步骤包括硼酸的可逆脱水和醛类与胺类的缩合等。根据连接基团的不同，COFs 可分为硼酸酯、席夫碱及三嗪等类型。席夫碱脱水缩合常用于构建 COFs，有助于减少界面阻抗，促进离子快速传输。

COFs 提供多种载流子（电子、空穴、离子）的快速输运途径，展现出在能量存储方面的潜力。含氮配体（如联吡啶和卟啉）可作为金属结合的配位位点。引入氧化还原活性位点可增强超级电容器的赝电容性能与可充电电池的可逆性。开发具有可控孔隙率和良好导电性的材料可提升电化学性能。孔结构明确的 COFs 为质子载体提供合适的空间，提高质子传导性能，可以将强酸基团锚定在 COFs 的框架上。

在共价有机框架（COFs）结构中引入多种官能团能够满足不同的应用需求。具体而言，通过在框架中引入羰基基团，可以提高材料的极性，并保持 COFs 的结构稳定性，这对促进锂离子在电池中的迁移具有重要意义。离子型多羰基 COFs 能够与电解质中动态迁移的离子发生相互作用，从而提升离子迁移速率，因此被认为适合用作固态电解质材料。利用具有羰基丰富的构建模块是扩增多羰基 COFs 的关键策略，常见的多羰基构筑单元包括 2,4,6-三甲酰间苯三酚（Tp）、均苯四甲酸二酐（PMDA）、1,4,5,8-萘四甲酸酐（NTCDA）和六酮环己烷（HKH）。

此外，含有磺酸基（—SO_3H）和羧酸基（—COOH）官能团的 COFs 也被广泛应用。将活性位点 SO_3Li 共价修饰至 COFs 孔隙中，有助于合成单离子 COFs，从而避免界面副反应，并抑制锂枝晶的生长。研究表明，含羧酸锂的 COFs 作为单离子导体的固态电解质，其离子电导率为 1.36×10^{-5} S/cm，迁移数为 0.91。在聚丙烯隔膜上包覆亲锂羰基和羧基双基团改性的共价有机框架（COFs—COOH），可以调控离子传输并实现均匀的锂沉积，从而显著提高电化学性能，锂离子的迁移数提升至 0.7，离子电导率达到 6.4×10^{-4} S/cm。

研究表明，三氟甲基咪唑类离子共价有机框架作为单离子导体的固态电解质材料，展示出高达 7.2×10^{-3} S/cm 的离子电导率及低至 0.10eV 的活化能。通过适当调整咪唑基上共价取代基的电子供给或需求特性，可以有效提升 COFs 的电化学性能。综上所述，吸电子诱导效应的杂原子官能团（如羧酸基和卤素）的引入显著增强了 COFs 的电化学性能。

1.4.2 新型共价有机框架锂离子固态电解质

共价有机框架（COFs）在结构定制和性能优化方面展现出独特的优势，这主要归功于其多样化的构筑单元和拓扑结构的调节能力。COFs 在固态电解质中的积极作用可从其结构优势与利于功能化两个方面进行解释。在结构方面，典型的二维 COFs 材料呈现多边形孔隙，其形成是由平面单体在 x-y 平面上通过共价键结合所致。这种结构使得聚合物 COFs 具备高度规整的晶体结构和开放的一维通道，沿着 z 方向展现出空间晶格取向。这一特性使得 COFs 的纳米通道既笔直又连续，且排列有序，从而促进离子的快速传输，同时保持结构的稳定性。COFs 的有机特性使得在其孔壁上整合多种功能基团成为可能，从而赋予其不同的预设计功能。这种易于功能化的特点使其能够构建新型固态电解质。例如可以通过物理包埋或化学固定的方法，将离子导电聚合物链嵌入到电中性通道中；利用 Lewis 酸性框架的酸碱相互作用和阳离子 COFs 的介电屏蔽作用来抑制阴离子迁移；此外，引入亲锂的 Lewis 碱基对孔壁进行改造，从而构筑阴离子COFs，改变锂离子的化学环境。因此，基于 COFs 的固态电解质具有重要的研究价值。

　　已有研究表明，锂离子电池中可通过醛氨缩合反应制备 Tp 类 COFs。在此过程中，Tp 与对苯二胺（Pa）反应生成 COFs，随后使用高氯酸锂电解液进行浸渍，作为电解质。此外，通过温和的化学锂化方法制备锂化 COFs，SO_3Li 基团作为纳米通道中的锂离子结合位点，促进锂离子的快速转移，提升 COFs 的离子导电性。另外，Tp 与三氨基胍盐酸盐（HDD）反应，通过阳离子交换法获得新型固态锂离子材料。Tp 与多氮的三聚氰胺（Tt）反应后所得到的产物可作为阳极金属锂上的多功能中间层，有效抑制枝晶的生长。另外，Tp 与高密度羰基的三聚茚酮三胺（THFT）反应，制备锂离子电池的阴极材料。Tp 与对二氨基偶氮苯（EDD）反应生成羰基修饰的双活性位点 COFs；而 Tp 与二氨基联苯二甲酸（DBDA）反应生成的羧酸 COFs 则用于改性锂离子电池隔膜材料。最后，Tp 与不同链长的对苯二甲酸二酰肼（RRTD）反应，形成 $COF-C_{16}$ 凝胶电解质。综上所述，图 1-7 所示的氨基原料的结构式表明，Tp 与胺缩合后经历不可逆

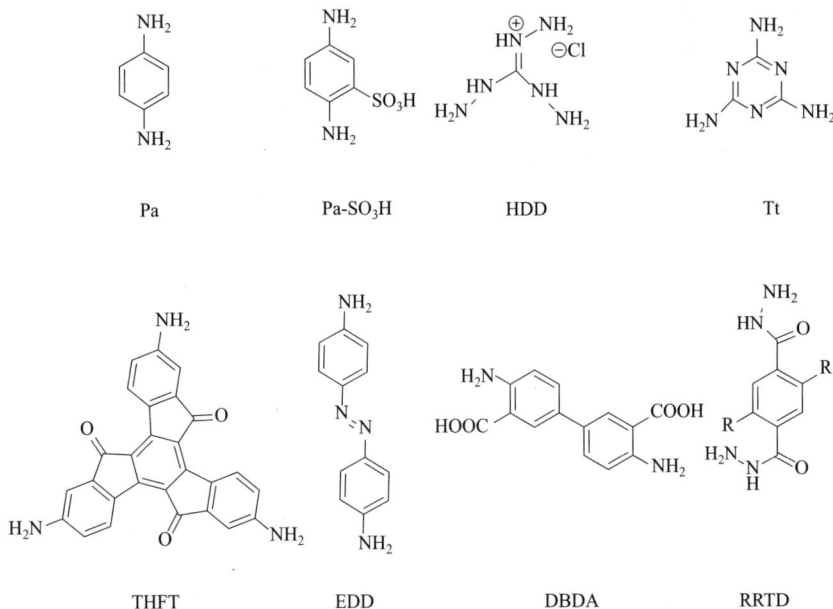

图 1-7　COFs 典型氨基类单体

的烯醇互变，有助于促进锂离子的迁移，同时增强框架的稳定性，并构建 C ═O 活性部位。因此，选择 Tp 作为原料制备 COFs 并将其应用于固态电解质的策略是可行的。

1.4.3　新型共价有机框架钠离子固态电解质

随着对可再生能源和储能技术的需求日益增长，固态电池作为一种潜在的高性能储能系统，受到了广泛关注。钠离子电池因其资源丰富、成本低廉等优势，成为继锂离子电池之后的另一重要选择。共价有机框架因其独特的结构和优异的性能，逐渐成为钠离子固态电解质领域的研究热点。本部分详细总结共价有机框架作为钠离子固态电解质的研究进展，探讨其稳定性、离子导电性、界面问题以及未来的发展方向。

1.4.3.1　共价有机框架的基本特性

共价有机框架是通过共价键连接的有机单体形成的有序网状结构，具有高度的孔隙性和可调性。共价有机框架的结构特性使其在电化学应用中表现出良好的前景。

（1）高比表面积

共价有机框架具有高比表面积，提供了丰富的反应位点和离子传输通道，有利于钠离子的迁移。

（2）可调性

通过选择不同的有机单体和合成条件，可以调节共价有机框架的孔径、形状和性质，从而优化其在钠离子电池中的性能。

（3）化学稳定性

共价有机框架通常具有较好的化学稳定性，使其在电化学环境中能够保持结构的完整性。

1.4.3.2　共价有机框架钠离子固态电解质研究进展

Zhao 等通过羧酸钠修饰共价有机框架并构建固态电解质，增大了共价有机框架孔隙中的钠离子含量，拓宽了离子迁移的通道，此共价有机框架基电解质的结构促使钠离子沿羧酸钠-共价有机框架堆积孔的方向迁移。结构的独特性也使羧酸钠-共价有机框架获得了优异的钠离子导电性能。此研究拓宽了共价有机框架的应用领域。

Yan 等研究者通过酯基修饰共价有机框架，构建钠离子准固态电解质，经过修饰的共价有机框架基固态电解质性能优异。相邻的酯基基团和共价有机框架内壁形成的亚纳米尺寸区域为钠离子的传输提供了快速通道。此共价有机框架基固态电解质可使钠离子沿特定方向选择性迁移，具有亚纳米尺寸的电负性区域改善了室温下材料的电导率（1.30×10^{-4} S/cm）和氧化稳定性（5.32V）。此固态电解质构建的钠离子电池具有快速的反应动力学和稳定的循环性能。

Kang 等研究人员提出了一种由 sp（2）碳共轭共价有机框架修饰的功能化材料，用于抑制钠枝晶。研究结果表明，由于共价有机框架的影响，即使在 $20 mA/cm^2$ 的高电流密度下，Na 枝晶也能得到有效抑制。共价有机框架表现出高的迁移数，实现了快速镀钠/剥离过程。由此共价有机框架基材料构成的钠离子电池在 $20 mA/cm^2$ 下的循环稳定性较好，可稳定运行超过 1500h。钠离子全电池在 30℃ 和 50℃ 下具有良好的倍率性能，在 5℃ 和 10℃ 下具有 5000 次的优异循环稳定性。

Guo 等使用硼-共价有机框架改善钠离子的传输速率。硼-共价有机框架能够降低聚合物的结晶度，构建通畅连续的钠离子传输途径，进而促进钠离子的传输。分子动力学模拟和密度泛函理论结果证实，硼-共价有机框架与电解质内的阴离子具有强的 Lewis 酸碱相互作用，选择性地增强了钠离子的迁移能力。因此，离子电导率有所改善，钠离子迁移数有所增加，电池在长时间内均具有较好的循环稳定性。在高温下 1200 次循环后，此固态钠离子电池的容量保持率高达 81.2%。

Niu 及其合作者提出了一种在液态碳酸盐电解质中原位凝胶化生

产共价有机框架凝胶电解质的方法，将共价有机框架合成及其在电池中的适用性结合起来。与相应的碳酸盐岩液体电解质相比，开发的类固态电解质的离子电导率提高了 3 倍，达到 $1.05 \times 10^{-2} S/cm$，活化能降低至 0.068eV，确保了高效的离子传输，在长时间运行过程中表现出了强大的抑制枝晶生成能力。此新方法也可以应用于利用钠离子合成类固态电解质的系统，是制备共价有机框架钠离子固态电解质的有效方法。

Van der Jagt 等科学家将芳香三胺与芳香二酐结合，制备了四种聚酰亚胺共价有机框架。密度泛函理论计算结果表明，亚胺键倾向于以彼此成角度的关系形成，打破了二维对称性。这些共价有机框架特定的几何形状为钠离子的插入提供了有效通道，在相对较高的工作电位（$>1.5 V$ vs Na/Na^+）下具有较好的循环稳定性能。基于这些共价有机框架不溶于水的性质，未来有希望在钠水电池中得以应用。

虽然共价有机框架材料在钠离子固态电解质领域展示了较大的潜力，但目前的研究还面临一些瓶颈和挑战。高质量、高结晶性的共价有机框架材料的合成可能需要复杂的工艺和严格的条件，这对大规模生产提出了挑战；材料的生产成本可能较高，需要开发更经济高效的制备方法；需要在实际的钠离子电池全电池装置中进行测试，以验证共价有机框架固态电解质的实际性能和可靠性。

小结

本章主要介绍固态锂离子电池和钠离子电池的基本工作原理和优势，以及传统和新型电解质材料，特别是无机、有机聚合物和金属有机框架（MOFs）、共价有机框架（COFs）等新型固体电解质的特性和应用前景。固态锂离子电池的优势是使用固态电解质可以避免液态电解质在充放电过程中在电极界面产生锂枝晶，而钠离子电池的优势在于不存在副反应，使用寿命长。目前提升全固态电池的性能可以从加强固态电解质离子电导率与迁移数的研究出发。无机陶瓷电解质和有机聚合物电解质均存在低离子电导率和低离子迁移数的问题，新型金属有机框架基锂离子固态电解质通过采用无机和有机锂盐的两步修饰法引入锂离子，可以显著提升固态电解质的离子电导率；由于资源问题，锂离子电池成本逐渐上涨，而新型金属有机框架钠离子电池就成了很好的选择。新型共价有机框架锂离子固态电解质有其独特的结构和优异的性能，但目前可能仍然存在一些问题。

第2章　锂/钠离子电池固态电解质制备与表征测试技术

2.1　固态电解质的制备技术

固态电解质作为固态电池的关键组成部分，其制备技术直接影响电池的性能和稳定性。以下是一些常见的固态电解质制备技术，包括物理混合法、化学沉积法、溶胶-凝胶法、高温固相法和其他制备方法。

2.1.1　物理混合法

物理混合法是通过简单的物理手段将不同成分混合在一起，形成固态电解质。该方法通常是将固体粉末在球磨机中混合，随后进行压制和烧结，以实现所需的材料性能。该方法的优点是无需复杂的化学反应控制，操作相对简单；设备和操作成本较低，适合大规模生产；不涉及有害化学试剂，环保友好。然而，对于某些高要求的材料，物理混合法可能无法达到完全均匀的效果；难以控制混合后的颗粒尺寸和形态，可能影响材料性能。

2.1.2　化学沉积法

化学沉积法是通过化学反应将目标材料沉积在基底上。这种方法能够在较低温度下制备均匀的薄膜或层状材料，广泛应用于半导体制造、光学器件、电子器件和其他高科技领域。根据沉积过程的不同，化学沉积法可以分为化学气相沉积法、化学液相沉积法和电化学沉积法等。

2.1.2.1　化学气相沉积法

化学气相沉积法是一种材料合成和制备技术，通过气相化学反应将材料沉积在基底表面上，形成薄膜、涂层或其他结构。这种方法广泛应用于微电子器件制造、纳米材料和功能材料的制备。该技术具有高均匀性、能精确控制厚度和成分、适用于复杂形状等优点。

2.1.2.2　化学液相沉积法

化学液相沉积法是一种利用溶液中的化学前驱物在基底表面进行化学反应，形成固态薄膜的方法。该方法对设备要求低，操作简单，适合大面积薄膜制备；由于反应在液相中进行，原材料和能耗较低；通过控制反应条件，可以获得均匀的薄膜，但反应控制难度大，需要精确控制溶液的 pH、温度等参数，以避免不均匀沉积或颗粒聚集；可能会掺杂杂质，影响薄膜的性能。并非所有材料都适合通过化学液相沉积法制备。

2.1.2.3　电化学沉积法

电化学沉积法是一种利用电化学反应在基底表面沉积金属或合金薄膜的方法。电化学沉积法的基本原理是通过在电解池中施加电场，使电解液中的金属离子在阴极上还原为金属原子，并在阴极表面形成沉积层。同时，在阳极上发生相应的氧化反应。该过程依赖于电化学反应的可控性和均匀性。该方法可以精确控制沉积层的厚度和组成；设备简单，操作方便，适合大规模生产；与传统化学沉积方法相比，电化学沉积法通常更环保。但在复杂形状和大面积基材上实现均匀沉积具有难度；沉积层的平整度和纯度需要精细控制，受多种因素影响；电解液的成分和性质需要精确控制和管理。

2.1.3　溶胶-凝胶法

溶胶-凝胶法通过液相反应生成溶胶，然后通过凝胶化过程生成凝胶，最终经过干燥和烧结形成固态材料。这种方法具有低温合成、纯度高、均匀性好等优点，特别适用于制备陶瓷和玻璃材料。

2.1.4　高温固相法

高温固相法是将固体原料在高温下反应以形成目标材料的传统方法。该方法通常用于制备陶瓷型固态电解质。该方法对设备要求不高，操作流程相对简单；可以使用多种固态原料，灵活性高；在适当的条件下，可获得高纯度的产物。但该方法需要高温加热，能耗较大；固态反应物扩散速度慢，可能导致反应不完全或产物不均匀；反应时间长，影响生产效率。

2.1.5　其他制备方法

2.1.5.1　机械合金化法

机械合金化法通过高能量球磨机的机械力作用，使不同成分的粉末在高能球磨过程中反复碰撞、冷焊、断裂和再焊，最终实现均匀混合和合金化。球磨过程中的高能量撞击和摩擦导致粉末颗粒发生形变、断裂和重新焊接，从而使不同成分的粉末颗粒在微观尺度上混合并形成合金。该方法能制备传统方法难以获得的非平衡态合金和复合材料；工艺简单、灵活，适用于多种材料体系；可以实现均匀混合，避免成分偏析。然而，该方法在球磨过程中可能引入杂质，影响材料纯度；高能量球磨可能导致材料的晶粒过细或产生缺陷，影响材料性能；工艺参数（如球磨时间、球料比、球磨速度等）对最终产品的性能影响较大，需要优化和控制。

2.1.5.2　3D 打印法

3D 打印是利用增材制造技术（如 3D 打印）制备固态电解质，其优点在于能够实现复杂结构的设计。与传统的减材制造（如切削、铣削）不同，3D 打印从无到有构建物体，具有高度的灵活性和复杂几何形状制造的能力。利用该方法可以制造复杂的几何形状和内部结构；材料利用率高，可减少废料；能够缩短产品开发周期，快速响应市场需求；可按需定制个性化产品。但某些 3D 打印技术和材料成本较高；大规模生产时，打印速度可能较慢；某些技术需要复杂的后处理步骤；大多数 3D 打印机的构建尺寸有限。

固态电解质的制备技术多种多样，各种方法具有不同的优缺点和适用范围。在选择制备方法时，需要综合考虑材料特性、离子导电性、环境稳定性和生产成本等因素。未来的研究可以集中在优化这些制备技术，以提高固态电解质的性能和可靠性。

2.2　结构特性表征测试技术

2.2.1　X射线衍射（XRD）分析

X射线衍射（X-ray diffraction，XRD）是通过研究X射线在各类晶体中所产生的衍射现象，来解析材料物相的方式。衍射后的X射线信号经过精密计算和处理，得出的结果以衍射图谱的形式呈现。

2.2.2　傅里叶红外光谱（FT-IR）分析

傅里叶红外光谱（Fourier transform infrared spectroscopy，FT-IR）是利用物质对不同波长红外辐射的吸收特性进行分析的方式。其本质在于官能团会选择性吸收特定波长的红外线，引发官能团内部振动和转动能级的跃迁。

2.2.3　X射线光电子能谱（XPS）分析

X射线光电子能谱（X-ray photoelectron spectroscopy，XPS）主要用来研究化合物的元素组成、相对含量、化学状态以及化学键等信息。

2.2.4　固态核磁碳谱（^{13}CSSNMR）分析

固态核磁碳谱（carbon-13 solid state nuclear magnetic resonance，^{13}CSSNMR）用来测定固态样品中碳原子的数量和化学环境，利用核磁共振现象，通过观察样品中不同碳原子的共振峰位置和强度，推断出样品中各种化学基团的含量和结构。

2.2.5　扫描电子显微镜（SEM）分析

扫描电子显微镜（scanning electron microscope，SEM）利用集中电子束对目标表面进行系统性扫描，以获得样品表面形貌信息。

2.2.6　透射电子显微镜（TEM）分析

JEM-2010 透射电子显微镜可用来分析第 4 章纳米结构样品的形貌、元素组成及其含量。

2.2.7　热重（TG）分析

热重（thermogravimetric analysis，TG）分析是在控温程序下，对物质质量与温度或时间的相关性进行测定的技术。

2.2.8　比表面积和孔径分布（BET）分析

比表面积和孔径分布（brunauer emmett teller，BET）测试是一种常用的材料表面性质测试方法，主要用于评估材料的比表面积和孔隙结构。

2.3　电化学性能测试技术

2.3.1　电化学阻抗谱（EIS）

采用阻塞电极组装的对称电池，通过对电池在不同测试温度下进行 EIS 测试，可根据计算，获得材料在不同测试温度下的离子电导率。

$$\sigma = \frac{1}{R} \times \frac{L}{S} \tag{2-1}$$

式中　L——电解质颗粒的厚度，cm；

　　　S——有效电极面积，cm^2；

R——电解质的阻抗，Ω。

2.3.2　线性扫描伏安法（LSV）

使用半阻塞电极组成的非对称电池，LSV 测试电解质膜的电化学窗口，设置扫描速度和扫描区间分别为 $1mV/s$ 和 $0\sim6V$。

2.3.3　锂离子迁移数（t_{Li^+}）测试

利用对称锂电池在 $10mV$ 极化电压下的计时电流法计算锂离子的迁移数（t_{Li^+}）。t_{Li^+} 值由 Bruce 方程计算：

$$t_{Li^+} = \frac{I_{SS}(\Delta V - I_0 R_0)}{I_0(\Delta V - I_{SS} R_{SS})} \tag{2-2}$$

式中　ΔV——极化电压，V；

$\qquad I_0$——初始电流，A；

$\qquad I_{SS}$——稳态电流，A；

$\qquad R_0$——初始界面阻抗，Ω；

$\qquad R_{SS}$——稳态界面阻抗，Ω。

2.3.4　循环伏安（CV）测试

将样品材料组装成的全固态电池进行循环伏安测试，扫描电位范围为 $-0.5\sim5.0V$，扫描速率为 $1mV/s$。

2.3.5　锂的剥离电镀测试

利用对称锂电池，设置不同电流密度进行充放电测试，研究锂的剥离电镀行为、电解质膜与锂金属负极的界面稳定性。

2.3.6　锂和电解质对界面的稳定性测试

利用对称锂电池在不同静置时间下进行 EIS 测试，设置测试极化电压 $10mV$，频率范围 $0.01Hz\sim1.0MHz$，可研究界面阻抗及电解质膜与锂金属负极的界面稳定性之间的关系。

2.3.7　循环性能测试

使用蓝电测试系统对样品组装成的全固态电池进行充放电测试，分别在不同倍率下进行电池的长循环充放电测试（循环次数≥100次）。通过此方法说明在较长循环充放电测试期间，材料的循环稳定性及容量保持率等情况。

2.3.8　倍率性能测试

使用蓝电测试系统对样品组装成的全固态电池进行倍率性能测试，在递增的不同倍率下分别进行循环 10 次的充放电测试后（0.1C、0.2C、0.5C、1C、2C），再回到低倍率循环充放电测试（0.2C、0.1C）。

小结

本章主要介绍锂/钠离子电池固态电解质的制备与表征技术。固态电解质作为固态电池的重要组成部分，不同的制备方法将直接影响到电池的性能，合理优化选择合适的制备技术将有助于提高固态电解质的性能。同时结构特性表征，包括 X 射线衍射（XRD）、傅里叶红外光谱（FT-IR）、X 射线光电子能谱（XPS）、扫描电子显微镜（SEM）、透射电子显微镜（TEM）等，以及电化学性能测试技术，如电化学阻抗谱（EIS）、线性扫描伏安法（LSV）等。这些技术可以帮助科研人员进一步分析固态电解质的微观结构，从而对固态电解质进行更深层次的理解与应用。

第3章 铪基UiO-66电解质在固态锂离子电池中的应用

锂离子电池（LIBs）因其优良的能量密度、高环保性和较大的电位窗口而逐渐取代传统的铅酸电池，成为广泛应用的能量存储技术。然而，在充放电过程中，液体电解质与锂金属的反应会导致锂枝晶的形成，这可能刺穿隔膜，进而引发电池短路。同时，有机电解质的离子选择性低、安全性差，导致电池失效，加快了具有高安全性和宽电位窗口的新型固态电解质（SE）的研究。SE 用锂金属阳极构建电池，实现了固态锂离子电池（SSLBs）的高能量密度。但固态电解质因存在界面阻抗大和离子电导率低的问题，限制了商用 SSLBs 的发展。

针对固态电解质的离子电导率低、工艺复杂的问题，提出了制备工艺简单且可向其结构中引入羧基含量较高的基团，以提高其离子电导率的金属有机框架（MOFs）基固态电解质。在众多 MOFs 中，UiO-66 材料中的 Zr—O—C 键较牢固，使得 UiO-66 与其他 MOFs 材料相比具有更好的化学稳定性。除了上述优势外，UiO-66 材料还具有较大的比表面积和较多的官能团，这种电绝缘 MOFs 能够快速移动离子，为电池固态电解质的设计提供了新思路。

由于 Zr 和 Hf 在元素周期表中属于同族元素，因此 UiO-66（Hf）具有与 UiO-66（Zr）相似的物理性质和配位拓扑。虽然 Ti 也属于同主族，但其不同的电子构型、离子半径和配位不对称性使得 Ti-MOFs 的拓扑结构不同。UiO-66（Hf）有着高于 UiO-66（Zr）的稳定性、亲氧性、布朗斯特酸性。UiO-66 上的路易斯酸位点与锂盐的阴离子作用，加速了锂盐的离解，使孔道中的锂离子增多，从而进一步提高锂离子迁移数。与 UiO-66（Zr）相比，UiO-66（Hf）中更强的 Hf-O 键和更小的 Hf^{4+} 半径的协同效应显著促进基团的去质子化，使游离的氢离子与锂盐中锂离子发生交换，进而提高固态电解质的离子电导率。

使用配体不同的五种铪基 UiO-66 型 MOFs，通过两步修饰将锂离子引入到 MOFs 的配体基团上，经过溶剂化作用，使 Li^+ 成为 MOFs 孔道中唯一移动的离子。另一方面，加入 LiTFSI 进一步提高了孔道中锂离子的浓度，合成锂离子修饰的铪基 MOFs 电解质膜。

在测试其离子电导率、电位窗口等电化学数据后，对电化学数据较优的电解质膜进行锂的剥离电镀测试及其他性能测试。

3.1　铪基 UiO-66 电解质膜的制备

3.1.1　铪基 UiO -66（HMOFs）的制备

合成相应 MOFs 所需材料及其质量如表 3-1 所示，将五种配体（5mmol）[图 3-1（a）] 与 $HfCl_4$（1.6g，5mmol）混合溶于液体混合物中，超声 15min 后，将其放入聚四氟乙烯内衬的反应釜中，在 120℃下反应 24h。将冷却后的混合物，在 4500r/min、5min 条件下分别使用蒸馏水、甲醇各离心分离三次，得到的固态物在 120℃真空下干燥 12h。

表 3-1　合成相应 MOFs 所需材料及其质量

序号	配体	加入量	混合溶液（50mL）	合成的 MOFs 及其命名
1	对苯二甲酸（H_2BDC）	0.831g，5mmol	N,N-二甲基甲酰胺（DMF）/乙酸（30/20，体积比）	UiO-66(Hf)（HMOF-1）
2	2-氨基对苯二甲酸（NH_2-H_2BDC）	0.905g，5mmol	DMF/乙酸（30/20，体积比）	UiO-66(Hf)-NH_2（HMOF-2）
3	1,2,4-苯三甲酸（CO_2H-H_2BDC）	1.050g，5mmol	去离子水/乙酸（30/20，体积比）	UiO-66(Hf)-CO_2H（HMOF-3）
4	1,2,4,5-苯四甲酸（$2CO_2H$-H_2BDC）	1.270g，5mmol	去离子水/乙酸（30/20，体积比）	UiO-66(Hf)-$2CO_2H$（HMOF-4）
5	2,5-二羟基对苯二甲酸（$2OH$-H_2BDC）	0.990g，5mmol	DMF/乙酸（30/20，体积比）	UiO-66(Hf)-$2OH$（HMOF-5）

3.1.2　Li/铪基 UiO-66（HLMOFs）的制备

为进一步提高 HMOF-2 的离子电导率，将 HMOF-2 接枝大阴离子基团（三氟甲磺酰基团，即 Tf 基团）后，用 K_2CO_3 钾化合成 UiO-66-NSO_2CF_3K，在无水乙腈的 $LiClO_4$ 溶液中分别加入 1.8g HMOFs（HMOF-1，UiO-66-NSO_2CF_3K，HMOF-3，HMOF-4，HMOF-5），搅拌 12h，离心收集固态，用乙腈洗涤，去除孔隙中多余的离子。最后将固态在 100℃ 下干燥，得到 HLMOFs：UiO-66（Hf）-Li（HLMOF-1），UiO-66（Hf）-NSO_2CF_3Li（HLMOF-2），UiO-66（Hf）-CO_2Li（HLMOF-3），UiO-66（Hf）-$2CO_2Li$（HLMOF-4），UiO-66（Hf）-2OLi（HLMOF-5）。

3.1.3　Li/铪基 UiO-66 电解质膜（Li/HLMOFs）的制备

LiTFSI 使用前须在 70℃ 真空下干燥 16h，之后与 HLMOFs 按质量比 1：1 混合，将上述悬浊液溶解在 DMF 中，室温下机械搅拌 12h 后加入 25% PVDF，然后将均匀分散的混合物浇铸到模具中。最后，在 100℃ 真空下干燥电解质膜 18h。将制备好的膜［图 3-1（b）］使用切片机切割成直径为 16mm 的独立柔性薄片，并保存在充满氩气的手套箱中等待进一步测试。

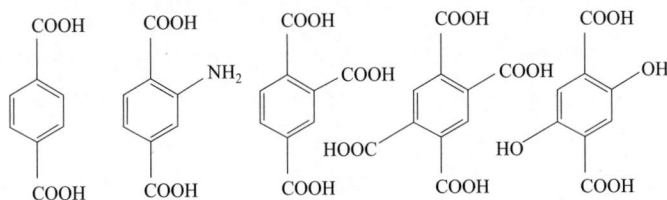

(a) HMOFs所用的五种有机配体

图 3-1

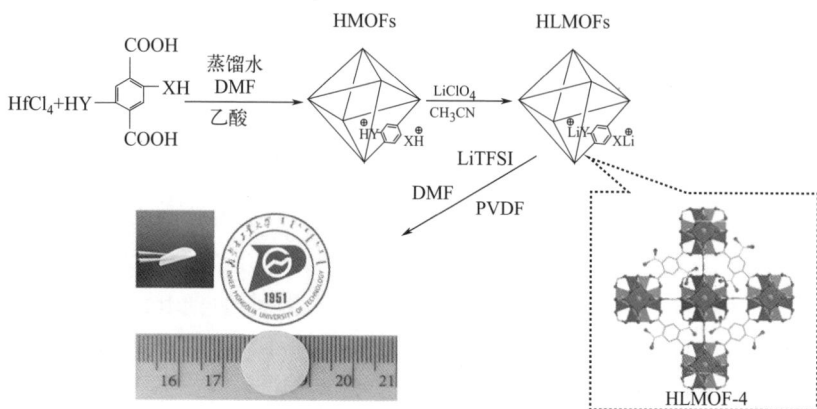

(b) 单配体合成电解质膜合成路线图

图 3-1　配体以及电解质膜 HMOFs 合成示意图

3.2　铪基 UiO-66 材料的结构及形貌表征

3.2.1　铪基 UiO-66 类材料的 XRD 分析

如图 3-2（a）所示，UiO-66 的 XRD 谱图分别在 $2\theta = 7.4°$，$8.5°$，$12.0°$，$14.2°$，$17.1°$，$22.3°$，$25.7°$，$33.1°$ 处出现特征峰，分别与（111），（002），（022），（113），（004），（115），（224），（137）晶面相对应，证明由五种配体合成的此类 MOFs 具有相似的拓扑结构且均为 UiO-66 型 MOFs。与标准卡片对比，在引入羧基、羟基和氨基基团合成 MOFs 后，并未对 UiO-66 的结构产生影响。图 3-2（b）分别为 HMOF-2 接枝三氟甲磺酰基团及锂化后（HLMOF-2）的 XRD 图，表明在此过程中，接枝和锂化并未改变 UiO-66 型 MOFs 的结构，MOFs 主体的结构保持完整，且其结晶度良好。如图 3-2（c）所示，同样说明了在接枝 Li^+ 的过程中，并未改变 MOFs 的结构。

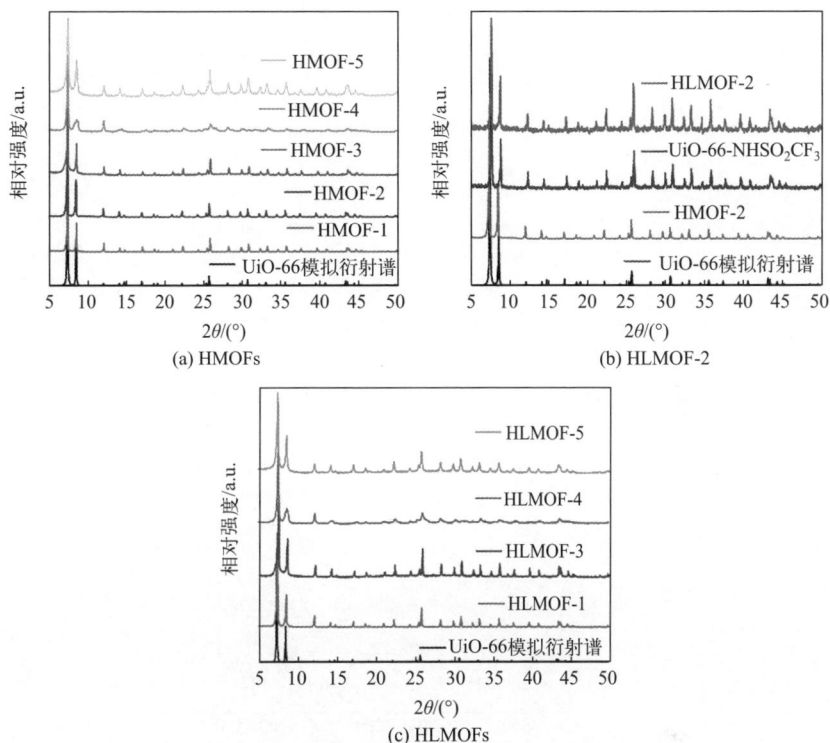

图 3-2　HMOFs、HLMOF-2、HLMOFs 的 XRD 图

3.2.2　铪基 UiO-66 类材料的 FT-IR 分析

如图 3-3（a）所示，$675cm^{-1}$ 处的吸收峰为 Hf—O 键，$1660cm^{-1}$ 处为羧基的振动峰，这表明在 MOFs 表面功能性官能团羧基的成功修饰。UiO-66-NHSO$_2$CF$_3$ 的 FT-IR 光谱显示出 Tf 基团的存在 [图 3-3(b)]，其中 C—N 伸缩峰对应于 $1160cm^{-1}$ 处出现的特征吸收峰，O＝S＝O 对应于 $1030cm^{-1}$ 处出现的吸收峰。$1723cm^{-1}$ 处为支链羧基的振动峰，$1364cm^{-1}$ 处为—OH 的振动峰。由以上振动峰结合 XRD 图可以看出：由五种配体合成的铪基 MOFs 成功制备，并且表现出较高的结晶性。如图 3-3（b）和（c）所示，HLMOFs 的

特征峰在 $1038cm^{-1}$ 附近处发生位移，这与 Li^+ 接枝有关。

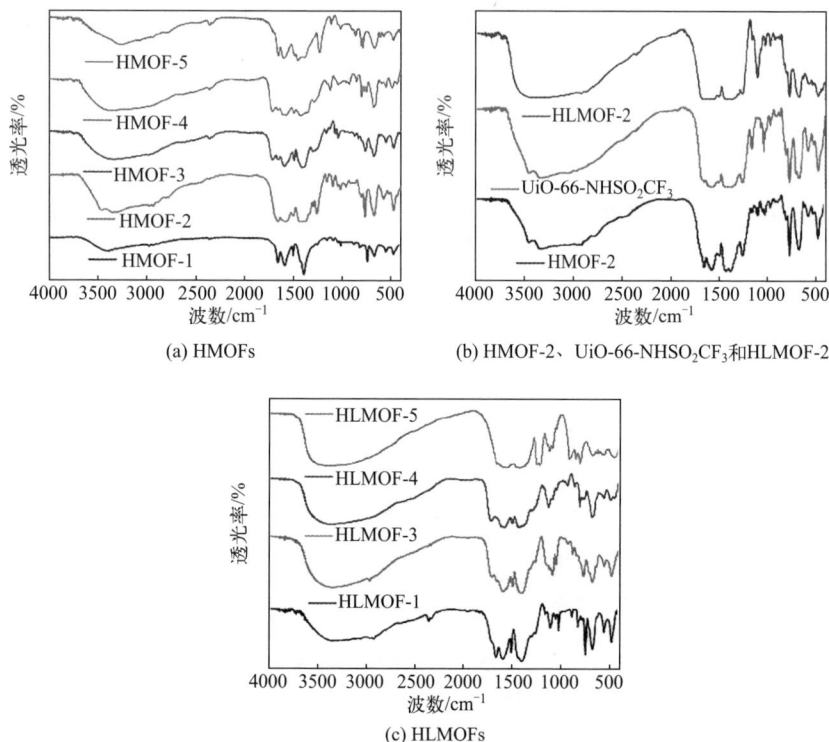

(a) HMOFs

(b) HMOF-2、UiO-66-NHSO₂CF₃和HLMOF-2

(c) HLMOFs

图 3-3　FT-IR 测试图

3.2.3　铪基 UiO-66 类材料的 SEM 分析

如图 3-4（a）～（e）为经两步修饰法得到的五种电解质膜的切面图，其厚度均在 $100\sim200\mu m$ 范围内，同时也显示出良好的致密性。局部放大 Li/HMOF-4 横切面发现，电解质呈纳米级颗粒状且分布均匀。

图 3-5 为扫描电子显微镜在不同尺度下测得的五种电解质膜材料的表面形貌。从图中可以看出，Li/LHMOF-3 与 Li/LHMOF-4 与 Li/LHMOF-1、Li/LHMOF-2 和 Li/LHMOF-5 形貌略有不同，这可

图 3-4 电解质膜横切面的 SEM 图

[（a）Li/HLMOF-1；（b）Li/HLMOF-2；（c）Li/HLMOF-3；
（d）Li/HLMOF-4（内嵌图为横切面局部放大图）和（e）Li/HLMOF-5]

能是由于 HMOFs 材料合成时，使用的溶剂不同导致材料形貌不同。另外，从 Li/HLMOF-1 和 Li/HLMOF-2 的 SEM 图中 [图 3-5 （a），（b）]，观察到致密化的球体之间存在特殊的粒子通道，这使得锂离子能够高效通过，提高了固态电解质与电极的界面相容性。但 Li/HLMOF-5 中过多空隙的存在意味着离子输运路径曲折，这会导致电流密度分布不均，使得离子电导率和迁移数低于 Li/HLMOF-3 和 Li/HLMOF-4。其中，电解质膜 Li/HLMOF-3 [图 3-5 （c）] 和 Li/HLMOF-4 [图 3-5 （d）] 致密化生长，进一步放大其表面后发现，其中的粒径均小于 $5\mu m$，界面接触面积增大，从而使电解质膜的离子迁移数更高。

3.2.4 铪基 UiO-66 类材料的 XPS 分析

图 3-6 （a）为 HMOFs 材料的 XPS 总谱，表明 HMOF-1、HMOF-2、HMOF-3、HMOF-4 及 HMOF-5 中均有 C、O、Hf 元素。在 HMOF-2 的 XPS 总谱图中可以看到 N 元素，这与—NH$_2$ 基团的引入有关。图 3-6 （b）～（e）分别为 HMOF-1、HMOF-2、HMOF-3 及 HMOF-5 的 C、Hf、O 及 N 元素的分谱图，所对应的特

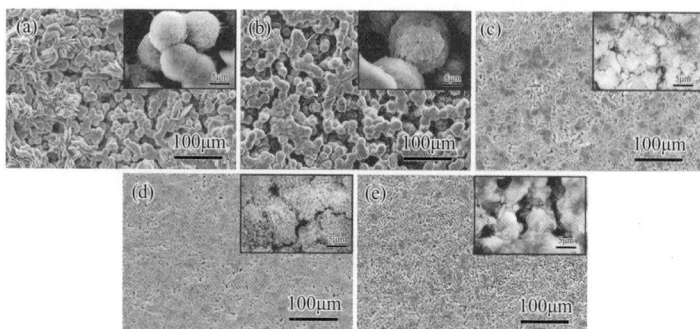

图 3-5　电解质膜表面的 SEM 图

［（a）Li/HLMOF-1；（b）Li/HLMOF-2；（c）Li/HLMOF-3；

（d）Li/HLMOF-4 和（e）Li/HLMOF-5（图中内嵌图为局部放大图）］

征峰如图所示。如图 3-6（f）～（h）所示，锂离子引入后，Hf 结合能呈递增趋势。

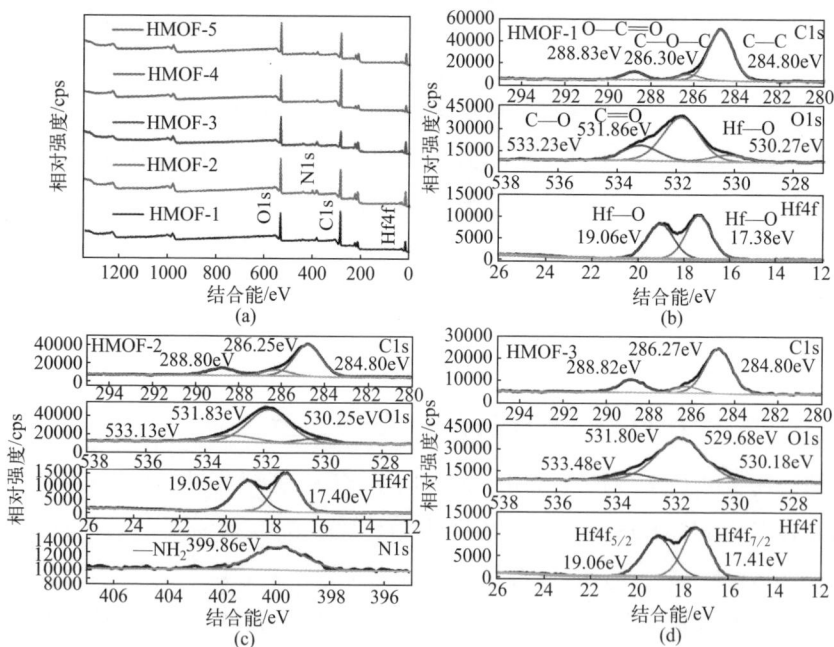

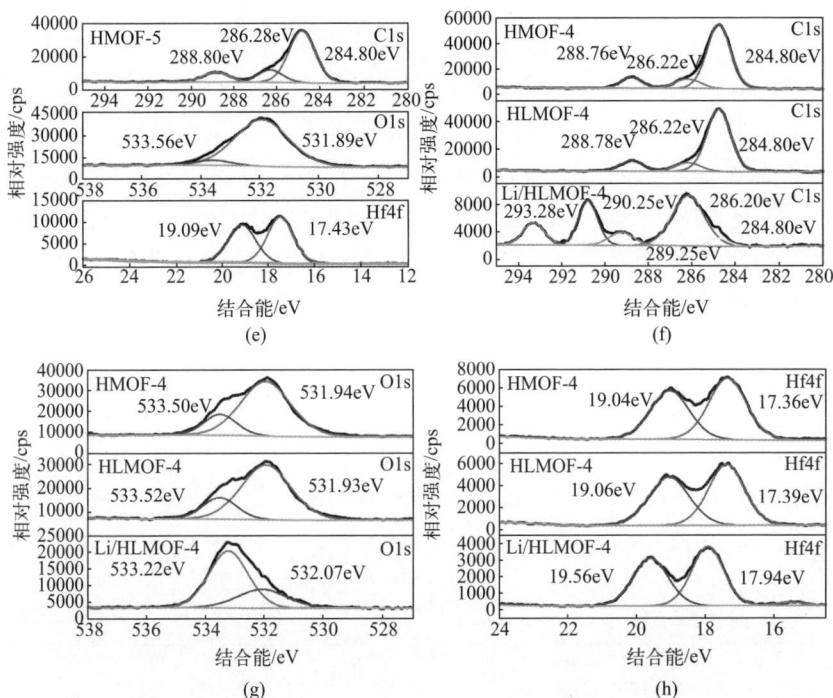

图 3-6　HMOFs 的 XPS 全谱图（见彩插）

各元素分谱图 ［图（a）］；HMOF-1 ［图（b）］、HMOF-2 ［图（c）］、
HMOF-3 ［图（d）］ 和 HMOF-5 ［图（e）］ 的 C、Hf、O 及 N 元素的分谱图；
HMOF-4、HLMOF-4 和 Li/HLMOF-4 的 C 窄谱图 ［图（f）］、O 窄谱图
［图（g）］ 和 Hf 窄谱图 ［图（h）］

3.2.5　铪基 UiO-66 类材料的 BET 分析

由 N_2 吸脱附曲线 ［图 3-7（a）、（b）］ 经过计算，可得 HMOFs
的比表面积分别为 $50.6m^2/g$、$526.4m^2/g$、$471.6m^2/g$、$380.1m^2/g$、
$174.6m^2/g$ ［图 3-7（a）］；HLMOFs 的比表面积分别为 $32.9m^2/g$、
$116.2m^2/g$、$265.4m^2/g$、$275.3m^2/g$、$178.6m^2g$ ［图 3-7（b）］。通过
分析，可知在接枝 Li^+ 后 HLMOF-1、HLMOF-2、HLMOF-3、HL-
MOF-4 的比表面积都有不同程度的减小，表明 Li^+ 被成功修饰到

MOFs 中，这是因为锂盐中体积较大的 Li$^+$ 取代了 MOFs 中较小体积的 H$^+$，使得离子在框架中占据的体积增大，使 HLMOF-1、HLMOF-2、HLMOF-3 及 HLMOF-4 在孔隙中进行离子交换后比表面积减少。而 HLMOF-5 的比表面积变化较小，说明锂离子可能未被完全修饰到 MOFs 上。另外，如图 3-7（c）所示，与 HMOF-1 约 5.5nm 的孔径相比，HMOF-5 的孔径较小，约为 3.4nm，这可能是由于 HMOF-5 在配体中引入了较大的羟基后，导致其孔径减小，减少了锂离子的迁移。

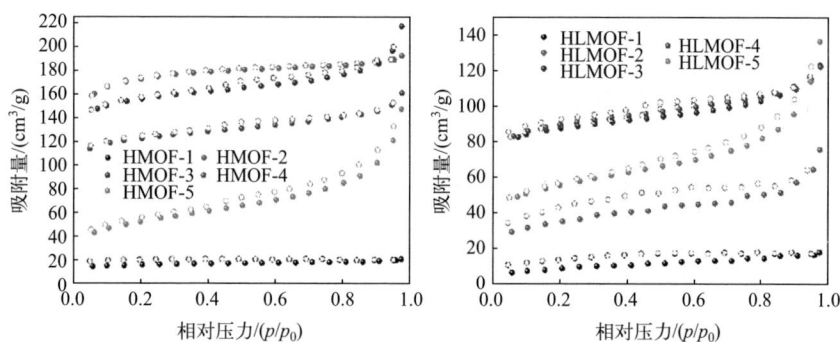

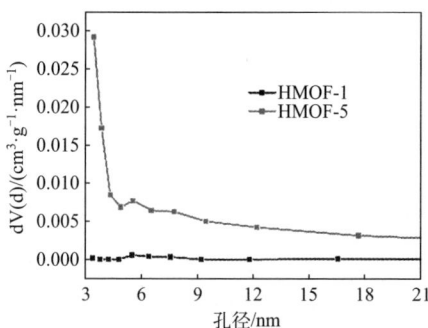

(a) HMOFs的N$_2$吸脱附曲线

(b) HLMOFs的N$_2$吸脱附曲线

(c) HMOF-1与HMOF-5的孔径分布

图 3-7　BET 吸附测试图（见彩插）

3.3 铪基 UiO-66 型电解质膜的电化学性能分析

3.3.1 Li/HLMOFs 电解质膜的离子电导率及其活化能分析

由不同温度下的离子电导率 [图 3-8(a)～(e)] 和阿伦尼乌斯图 [图 3-8(f)] 可得出电解质膜的离子电导率及活化能。从 25～70℃ 的 EIS 曲线可以看出，高频区与 X 轴的交点为本体电阻，直线表示电解质的电导率受离子扩散控制。Li/HLMOF-1 和 Li/HLMOF-2 在室温下的离子电导率分别为 $1.25 \times 10^{-3} \text{S/cm}$ [图 3-8(a)] 和 $7.72 \times 10^{-4} \text{S/cm}$ [图 3-8(b)]，高于单离子导体 UiOLi（$7.95 \times 10^{-5} \text{S/cm}$）和 UiOLiTFSI（$2.07 \times 10^{-4} \text{S/cm}$）。如图 3-8(c) 和 (d) 所示，Li/HLMOF-3 的离子电导率（$2.28 \times 10^{-3} \text{S/cm}$，$Ea = 0.23 \text{eV}$）、Li/HLMOF-4（$2.82 \times 10^{-3} \text{S/cm}$，$Ea = 0.22 \text{eV}$）均高于 Zr 基固体电解质 UiO-66-2CO2Li/PVDF-HFP/Li-IL（$1.06 \times 10^{-3} \text{S/cm}$）。这类 MOFs 基电解质的高离子电导率是由于离子在离子导电路径中长距离迁移的可能性较大，而不是在离子导电路径中全无定形地随机游走。虽然其他配位聚合物在离子导电路径上也表现出有序的结构和调控，但 LiTFSI 与 MOFs 的有序结构存在的协同效应，使得 Li/HLMOFs 电解质表现出较高的离子电导率，这一结论也可从其较低的活化能值得到体现。

3.3.2 Li/HLMOFs 电解质膜的离子迁移数及其电位窗口分析

根据 Bruce-Vincent-Evans 法，可以通过时间-电流和 EIS 曲线计算 Li/HLMOFs 的 t_{Li+}。其中 I-t 曲线表明 Li/HLMOFs 与金属锂之间存在稳定界面，EIS 曲线可使用电路模型 $R1 [Q(R2W)] (QR3)$ 拟合得到极化前后的界面阻抗，其中 Q 为常相位角元件，W 为韦伯阻抗，$R1$、$R2$ 和 $R3$ 分别为本体阻抗、界面阻抗和固态电解质界面（SEI）膜阻抗。纳米级 HMOF-4 可以有效增加界面接触，降低界面阻

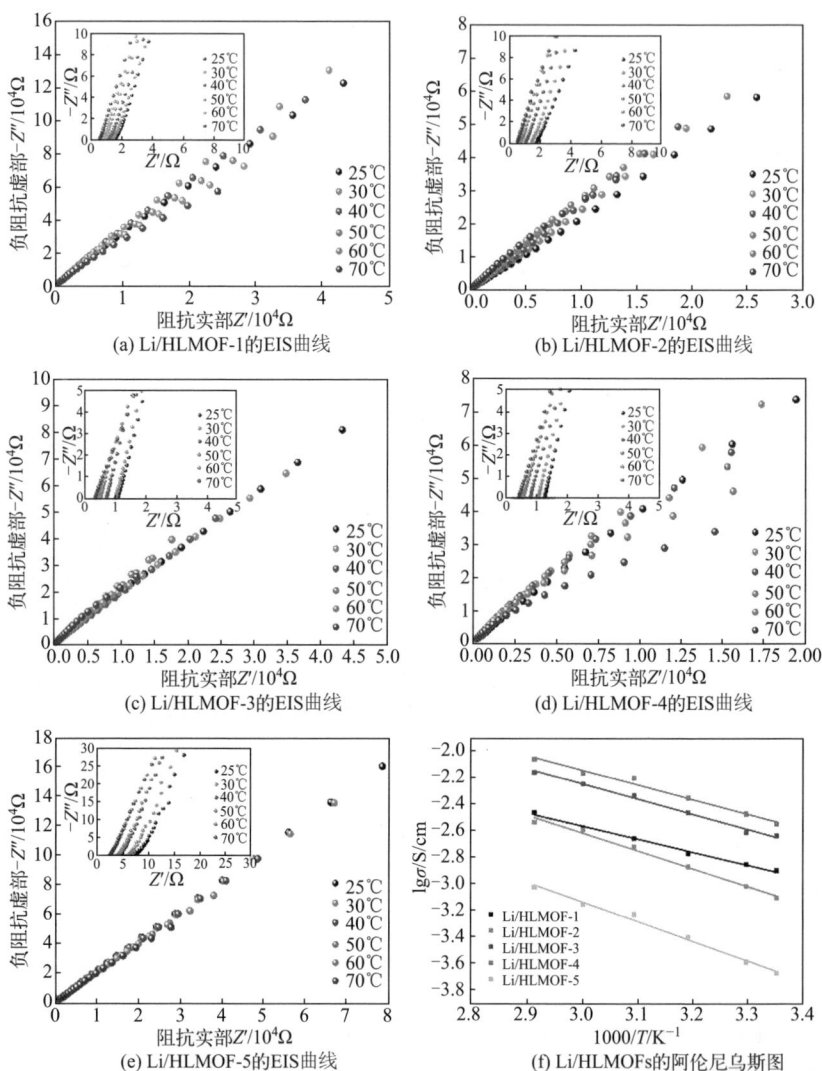

图 3-8 电解质膜 Li/HLMOFs 的 EIS 测试及阿伦尼乌斯图（见彩插）

抗，经计算，Li/HLMOF-4 的 t_{Li}^+ 为 0.58 [图 3-9（d）]，高于 Li/HL-MOF-1 [0.20，图 3-9（a）]、Li/HLMOF-2 [0.19，图 3-9（b）]、Li/HLMOF-3 [0.44，图 3-9（c）]、Li/HLMOF-5 [0.15，图 3-9

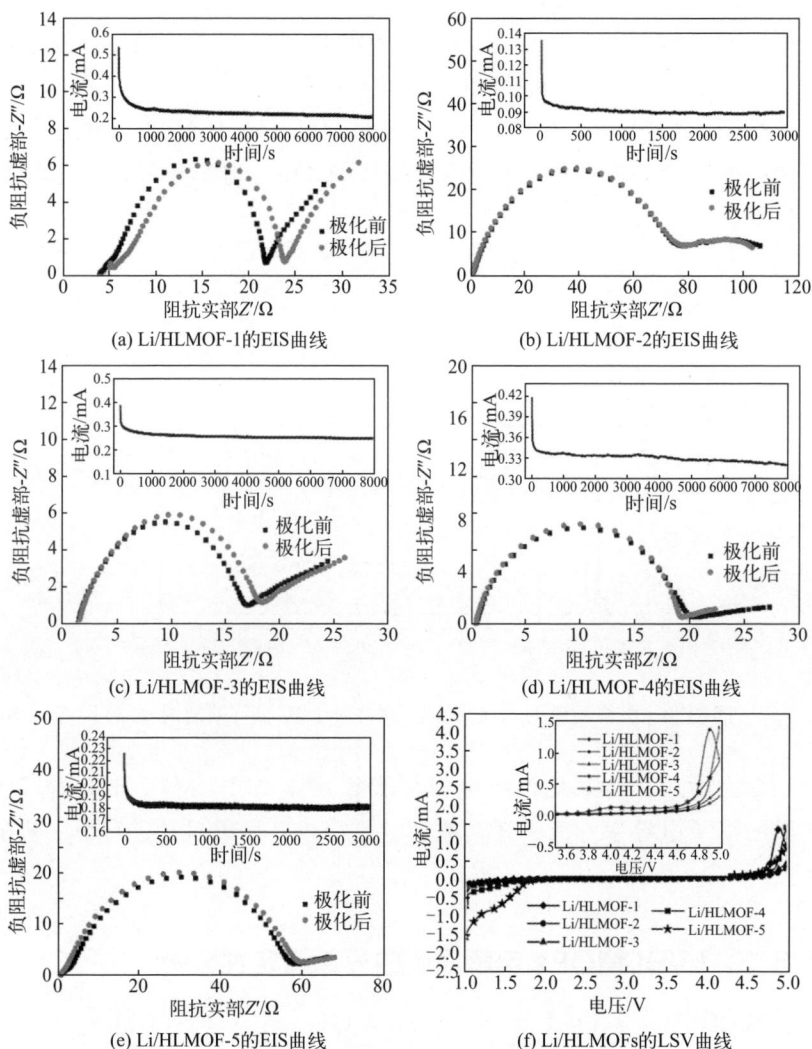

图 3-9　电解质膜 Li/HLMOFs 极化前后的 EIS 测试及 LSV 测试

(e)]。通过 LSV 法对五种电解质膜的电化学窗口进行测试，如图 3-9
(f) 所示。Li/HLMOF-1、Li/HLMOF-2、Li/HLMOF-3、Li/HLMOF-4 和 Li/HLMOF-5 的电位窗口分别为 1.50～4.55V、1.40～4.45V、

1.50～4.60V、1.60～4.65V 和 1.85～3.80V，均能够满足固态锂离子电池的要求。其中，Li/HLMOF-4 的稳定电位窗口最宽，这表明 Li/HLMOF-4 具有较高的电化学稳定性。

如图 3-10 所示，在经过 LSV 测试后的 Li/HLMOF-4 电解质膜仍保持原有的晶体结构，这表明 Li/HLMOF-4 电解质膜的化学稳定性良好。

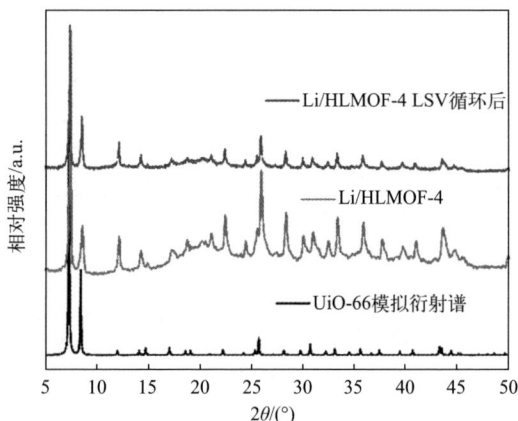

图 3-10　电解质膜 Li/HLMOF-4 在经过 LSV 循环前后的 XRD 图

综上所述，与其他四种电解质膜相比，Li/HLMOF-4 有着较为优异的离子电导率、离子迁移数、电位窗口，所以对其进行下一步的测试。

3.3.3　Li/HLMOFs 电解质膜的界面稳定性分析

通过对锂对称电池（Li｜Li/HLMOFs｜Li）进行恒电流充放电实验，测试锂的剥离电镀行为，用以评价 MOF 基固态电解质与锂电极界面的稳定性。如图 3-11（a）所示，在电流密度为 $0.02mA/cm^2$ 时，可稳定进行锂的剥离电镀，此时极化电压为 60mV。在电流密度为 $0.05mA/cm^2$ 时［图 3-11（b）］，极化电压为 6mV。在电流密度为 $0.1mA/cm^2$ 时［图 3-11（c）］，极化电压为 10mV。在较高电流

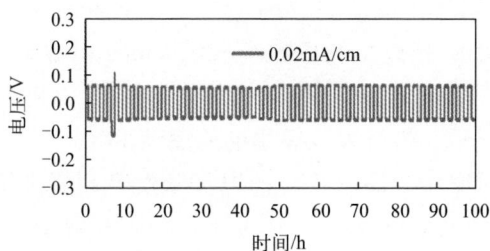

(a) 0.02 mA/cm²

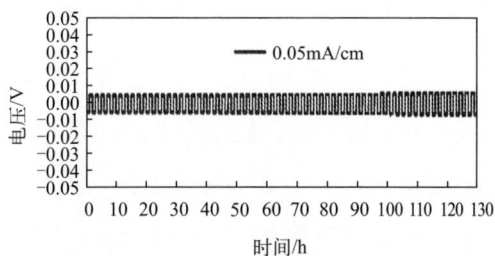

(b) 0.05 mA/cm²

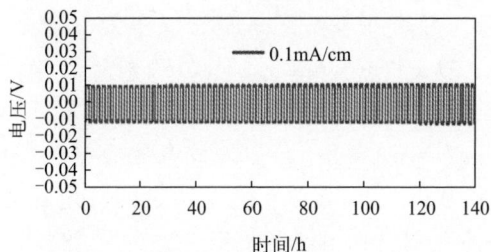

(c) 0.1 mA/cm²

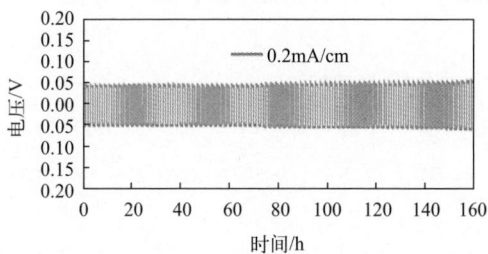

(d) 0.2 mA/cm²

图 3-11　电解质膜 Li/HLMOF-4 在对称锂电池中的剥离电镀行为

密度 0.2mA/cm^2 下 [图 3-11（d）]，极化电压为 50mV，稳定循环时间长达 160h 且未出现极化电压突然增大减小的现象，说明 Li｜Li/HLMOF-4｜Li 未出现短路及 Li/HLMOF-4 电解质膜分解现象。此外，随着电流密度的增大，极化电压逐渐增大，可以进行锂的剥离电镀的循环时间增加，证明较高的电流密度有利于电解质膜 Li/HLMOF-4 进行锂的剥离电镀。稳定的极化电压有利于电解质膜进行锂的剥离电镀，相较于 PL/UiOLiTFSI 电解质仅能在 0.15mA/cm^2 下循环 160h，说明 Li/HLMOF-4 电解质膜与锂金属界面有良好的界面稳定性。

3.3.4　Li/HLMOFs 电解质膜的循环性能及倍率性能分析

组装固态锂离子电池 Li｜Li/HLMOF-4｜LiFePO$_4$，进一步评估电解质膜在电池中的应用。如图 3-12（a）所示，在 0.2C 下，Li/HLMOF-4 的初始充电比容量和初始放电比容量分别为 152mA·h/g 和 148mA·h/g，由此可知，首圈库仑效率为 97％。在循环 100 圈后，放电比容量为 135mA·h/g，库仑效率接近 100％，容量保持率为 91％。如图 3-12（b）所示，在 1C 下，Li/HLMOF-4 的初始充电比容量为 107.5mA·h/g，初始放电比容量为 104.5mA·h/g，此时的库仑效率为 97％。第 160 圈循环时的放电比容量为 92mA·h/g，容量保持率为 88％，此时的库仑效率为 98％。如图 3-12（c）和（d）所示，Li｜Li/HLMOF-4｜LiFePO$_4$ 电池在不同倍率 0.1C、0.2C、0.5C、1C、2C、0.2C、0.1C 下，其放电比容量分别为 148mA·h/g、138mA·h/g、125mA·h/g、111mA·h/g、93mA·h/g、133mA·h/g、133mA·h/g，即使在 2C 下循环 10 圈后，在 0.1C 下仍然可恢复至 133mA·h/g 的比容量，具有较好的可逆性。

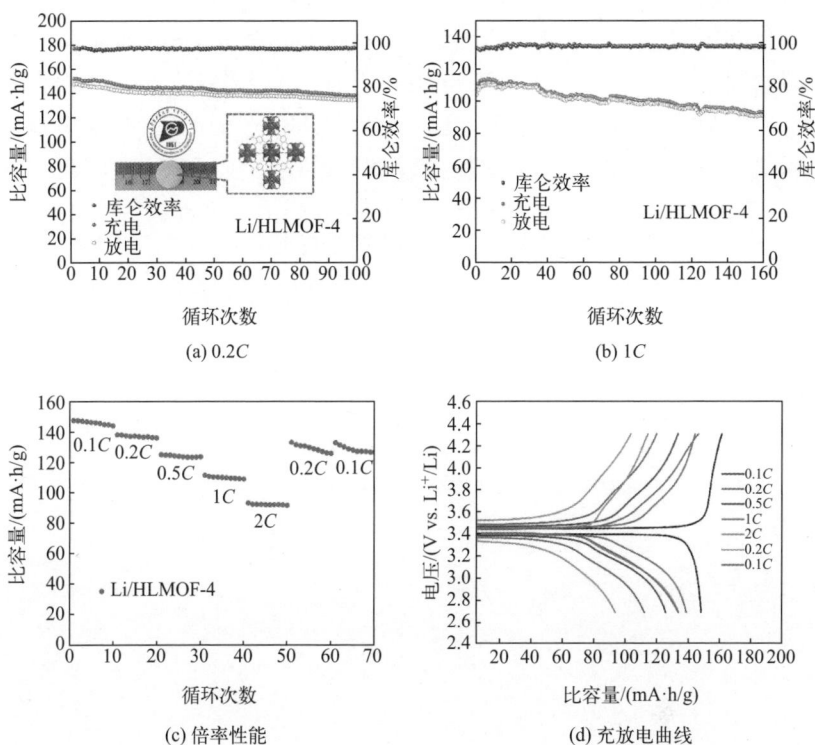

(a) 0.2C

(b) 1C

(c) 倍率性能

(d) 充放电曲线

图 3-12　Li｜Li/HLMOF-4｜LiFePO₄ 电池的循环性能测试（见彩插）

小结

本章采用溶剂热法（水热法），采用五种配体合成 UiO-66（Hf），在经过接枝 Li⁺ 后，为进一步提高 MOFs 中锂离子浓度，在其中加入有机锂盐，制备 Li/HLMOFs 电解质膜。通过 XRD、FT-IR 及 XPS 等手段对材料进行表征，实验结果表明 HMOFs 材料被成功合成。BET 表明 Li⁺ 被修饰到 MOFs 材料孔道内部。SEM 表明 Li/HLMOF-4 电解质膜呈致密化生长，且 HMOF-4 呈纳米结构，可有效增加界面接触，降低电解质膜 Li/HLMOF-4 和电极材料的界面阻抗，从而提高了离子迁移数。电化学测试结果表明，Li/HLMOF-4

具有较高离子电导率（$2.82 \times 10^{-3} \mathrm{S/cm}$）、离子迁移数（0.58）及宽的电化学窗口（$1.60 \sim 4.65 \mathrm{V}$），且在 $0.02 \sim 0.2 \mathrm{mA/cm^2}$ 下能进行稳定的剥离电镀，在组装成固态电池后，在 $0.2C$ 及 $1C$ 下，多次循环后，库仑效率达到 97% 以上。Li｜Li/HLMOF-4｜LiFePO$_4$ 电池在不同倍率下，其放电比容量稳定，即使在 $2C$ 下循环 10 圈后，在 $0.1C$ 下仍然可恢复 90% 的比容量，具有较好的可逆性。

第 4 章　MOF-808（Zr）基电解质在固态锂离子电池中的应用

　　两步修饰法即在合成 MOFs 后，分步向其结构中引入无机、有机锂盐。第一步锂化 MOFs 的目的是通过 MOFs 不饱和阳离子金属中心与无机锂盐中的阴离子产生强配位，使无机锂盐中的 Li^+ 成为框架中唯一运动的离子。第二步复合有机锂盐 LiTFSI，提升了电解质与正负极材料的接触性，降低 MOFs 纳米颗粒之间以及电解质/电极材料的界面阻抗，进一步提高电解质的离子电导率。以上将无机-有机锂盐引入 MOFs 结构的方法，为不同 MOFs 用作固态电解质提供了新的研究思路。

　　由此，在研究金属节点周围有 12 个配体连接的 UiO-66 后，发现 UiO-66 型材料在高倍率下的循环稳定性有待进一步提升。本章节为提高固态电池在高倍率循环下的循环稳定性，对 MOF-808 展开研究。向 $ZrOCl_2 \cdot 8H_2O$ 与均苯三甲酸中加入一定体积比的 DMF 与甲酸溶剂，合成 MOF-808。这种在每个 Zr 簇周围只有 6 个配体连接的 MOF-808，可以使锂盐中的阴离子更容易接近 Zr^{4+} 开放位点，增加锂离子在孔道当中的浓度，提高锂离子迁移数量，为在高倍率循环固态电池提供了理论支持。

4.1　MOF-808 (Zr) 基电解质膜的制备

4.1.1　MOF-808 (Zr) 的制备

　　MOF-808 的合成：用 0.728g $ZrOCl_2 \cdot 8H_2O$ (2.25mmol)、0.315g 均苯三甲酸（H_3BTC）(1.5mmol) 和 67.5mL 的 DMF/HCO_2H（1∶1，体积比）混合物制备溶液。将溶液转移到聚四氟乙烯衬里的高压釜中，150℃加热48h。冷却至室温后，通过离心回收材料，用 DMF 与无水乙醇分别洗涤三次。离心除去溶剂后，固体置于 150℃下干燥12h，得到 MOF-808 材料。

4.1.2　MOF-808 (Zr)-Li 的制备

　　MOF-808-Li 的合成：向 1g MOF-808 加入 10mL 1mol/L $LiClO_4$

的无水乙腈溶液，搅拌 12h 后，使用乙腈离心洗涤三次，100℃下真空干燥 12h，得到 MOF-808-Li 材料。

4.1.3　MOF-808（Zr）-Li 电解质膜的制备

Li/MOF-808-Li 电解质膜的制备：MOF-808-Li 与 LiTFSI 按 1∶1 质量比加入，在 3mL DMF 中搅拌 12h，之后加入 0.28g PVDF 搅拌 12h，将浆料浇铸到模具中，100℃真空干燥 18h 后，切为直径 16mm 的圆片，并保存在充满氩气的手套箱中等待进一步测试。

4.2　MOF-808（Zr）基材料的结构及形貌表征

4.2.1　MOF-808（Zr）基材料的 XRD 分析

如图 4-1（a）所示，所合成的物质与模拟的 MOF-808（Zr）晶体结构的粉末衍射峰出峰位置基本一致，由此可以判定，所合成出的材料为 MOF-808（Zr），且 MOFs 主体的结构保持完整，且其结晶度良好，在接枝 Li$^+$ 后也并未改变其结构。如图 4-1（b）所示，Zr-O 特征峰的伸缩振动范围在 $400\sim1200\mathrm{cm}^{-1}$。在 $1661\mathrm{cm}^{-1}$ 处强振动峰

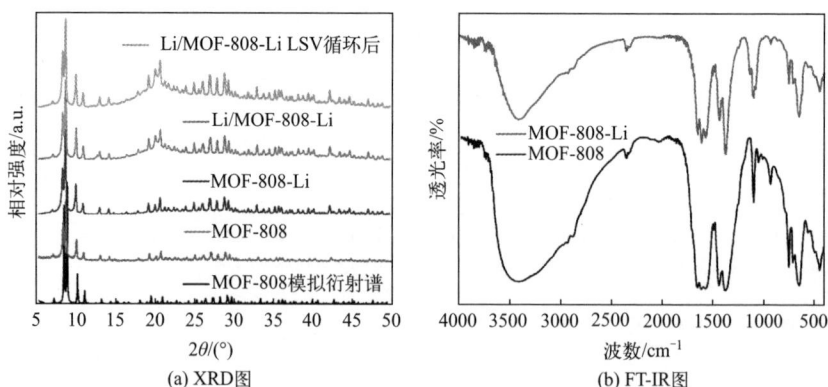

(a) XRD图　　　(b) FT-IR图

图 4-1　MOF-808、MOF-808-Li、电解质膜 Li/MOF-808-Li 及其 LSV 循环后的 XRDP 和 MOF-808、MOF-808-Li 的 FT-IR

可以归属均苯三甲酸配体中—COOH 的伸缩振动峰。在 1381cm^{-1} 强振动峰可归属为—COOH 的对称伸缩振动峰。除此之外，—COOH 的不对称伸缩振动峰和对称伸缩振动峰之间相差了 249cm^{-1}，这也说明—COOH 与 Zr 发生了配位；在 1630cm^{-1} 处的强振动峰可以归属为去质子化的—COOH 与金属中心 Zr 相连而造成的，即—COOH 的不对称伸缩振动峰造成的。

4.2.2　MOF-808（Zr）基材料的 SEM 分析

如图 4-2（a）所示，纳米结构的 MOF-808 材料可观察到独立完整呈多面体的晶粒。对比图 4-2（b），颗粒大小相等，形状相似，这表明在 Li$^+$ 修饰前后晶体结构没有被破坏。如图 4-2（c）和（d），SEM 表明电解质膜 Li/MOF-808-Li 表面致密化程度高，PVDF 在电解质颗粒中分布均匀，其中，电解质颗粒均匀，晶粒小，晶粒之间接触紧密；在放大其表面后，观察到晶粒分布均匀，在合成固态电解质膜后并未改变其形貌。

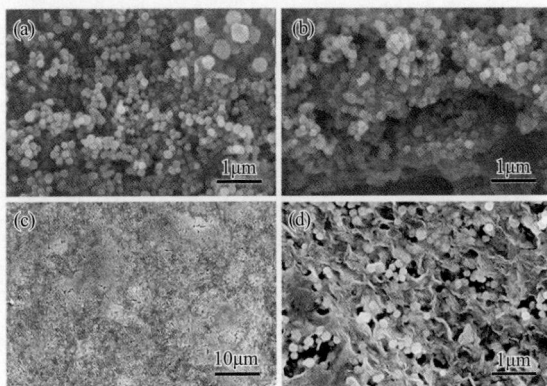

图 4-2　MOF-808（Zr）基材料的 SEM 图

[（a）MOF-808；（b）MOF-808-Li；（c）电解质膜 Li/MOF-808-Li 表面放大 10μm；（d）电解质膜 Li/MOF-808-Li 表面放大 1μm]

4.2.3 MOF-808（Zr）基材料的 XPS 分析

如图 4-3 所示，分析引入 Li⁺ 前后，MOF-808、MOF-808-Li 和 Li/MOF-808-Li 电解质膜的 C 1s、Zr 3d 和 O 1s 窄谱的变化。在 C 1s 窄谱 [图 4-3 （a）] 中，MOF-808、MOF-808-Li 中均出现了 C—C（284.80eV）、C—O—C（286.25～286.28eV）和—COOH（288.75～288.78eV）。此外，Li/MOF-808-Li 电解质膜中 293.22eV、290.65eV 的特征峰可能与 PVDF 的加入有关。Zr 3d 窄谱 [图 4-3 （b）] 中 Zr $3d_{3/2}$、Zr $3d_{5/2}$ 两处特性峰的位置的结合能分别在 185eV 和 183eV 附近，对应于金属节 $Zr_6O_4(OH)_4$ 中的 Zr—O 键的存在。在 O 1s 窄谱 [图 4-3 （c）] 中，533eV、532eV 及 530eV 附近的特征峰对应 C—O、C＝O 及 Zr—O 键。此外，从全谱图 [图 4-3 （d）] 分析、

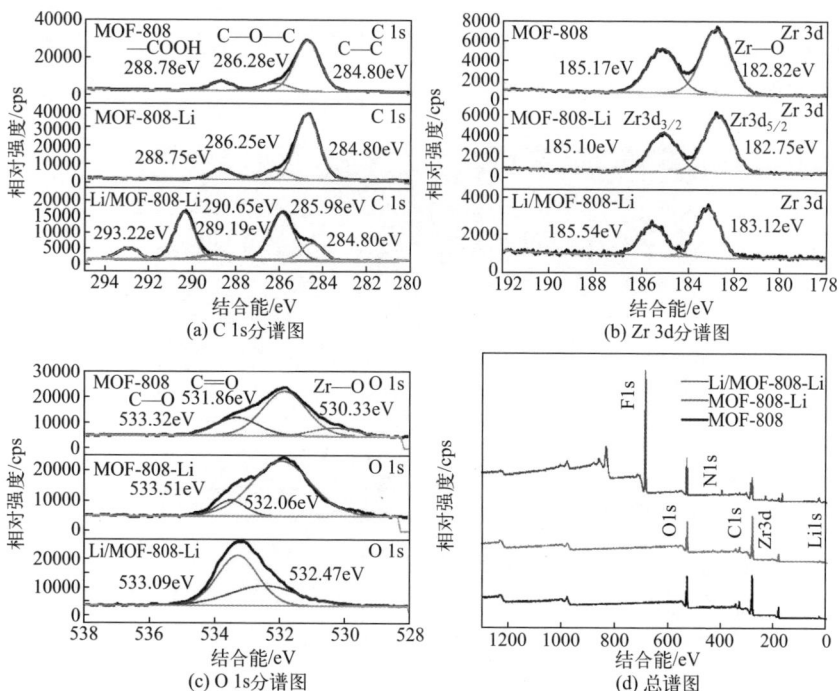

图 4-3　MOF-808、MOF-808-Li、Li/MOF-808-Li
电解质膜的 XPS 图 （见彩插）

计算可知，MOF-808-Li 中的 Li^+ 相对浓度为 4.7%（摩尔分数），证明 Li^+ 成功引入 MOF-808-Li。Li/MOF-808-Li 电解质膜全谱图中 F、N 元素的存在，与 PVDF、DMF 的加入有关。

4.2.4　MOF-808（Zr）基材料的 BET 分析

为进一步证明 Li^+ 修饰到 MOF-808 上，依据标准温度和压力下的 N_2 吸脱附测试得到了 MOF-808 和 MOF-808-Li 材料的比表面积和孔容积。如图 4-4（a）和（b）所示，MOF-808-Li 显示出与 MOF-808 相似的等温线。经过计算，MOF-808 的比表面积比较大，其比表面积为 $858.2m^2/g$，孔容积为 $0.301cm^3/g$；在锂离子修饰后，MOF-808-Li 的比表面积降低至 $543.5m^2/g$，孔容积也降低至 $0.284cm^3/g$。

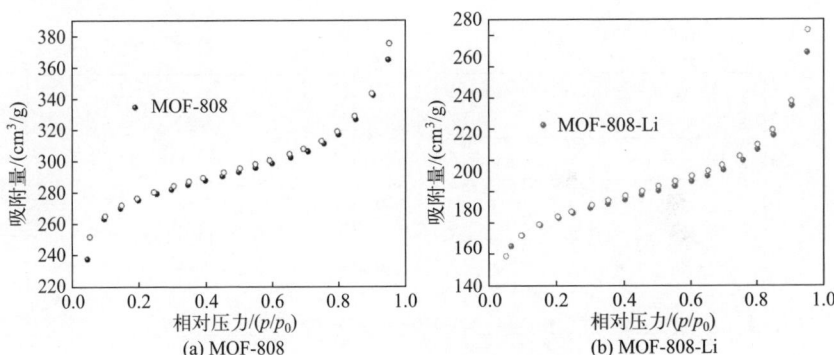

图 4-4　N_2 吸脱附测试曲线

4.3　MOF-808（Zr）基电解质膜电化学性能测试

4.3.1　Li/MOF-808-Li 电解质膜的离子电导率、活化能、离子迁移数和电位窗口分析

由图 4-5（a）～（c）可计算 Li/MOF-808-Li 电解质膜的离子电导率为 $3.08 \times 10^{-3} S/cm$，活化能为 0.17eV，离子迁移数为 0.77，图 4-5

(d) 显示其电位窗口 1.5～4.8V。研究表明，Li/MOF-808-Li 电解质膜有较高的离子电导率和较低的活化能，表明 MOF-808 基固态电解质更有利于离子的迁移。此外，Li/MOF-808-Li 电解质膜具有较高的离子迁移数，是因为 MOFs 晶粒之间的紧密接触，有利于提高电解质和电极间的接触，从而降低界面阻抗，有利于 Li$^+$ 的进出。

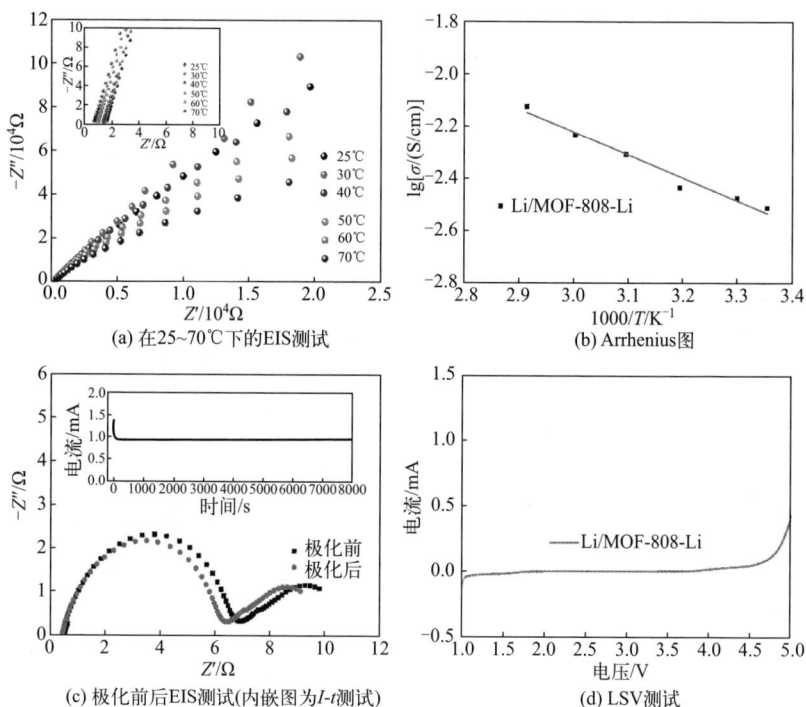

(a) 在25~70℃下的EIS测试

(b) Arrhenius图

(c) 极化前后EIS测试(内嵌图为*I-t*测试)

(d) LSV测试

图 4-5　电解质膜 Li/MOF-808-Li 的 EIS 测试及 LSV 测试（见彩插）

4.3.2　Li/MOF-808-Li 电解质膜的界面稳定性分析

通过对锂的对称电池进行恒电流循环测试，可评价 MOF-808 基固态电解质与锂电极界面的稳定性。如图 4-6（a）所示，在电流密度为 0.02mA/cm^2 时，锂离子在金属锂界面进行电镀/剥离，此时极化电压为 20mV。在电流密度为 0.05mA/cm^2［图 4-6（b）］时，极化电压为 50mV。在电流密度为 0.5mA/cm² ［图 4-6 (c) ］时，极化电压为 20mV，在测试期间有些波动，可能与周围环境有关。在较高电流密度 1mA/cm² ［图 4-6 (d) ］下，极化电压增加到 40mV，循环时间长达 200h 且未观察到短路及电解质膜分解现象，随着电流密度的增长，并未出现短路或电解质分解情况。对称且恒定的极化电压表明锂的剥离电镀过程是稳定的，也证明了电解质的稳定性。

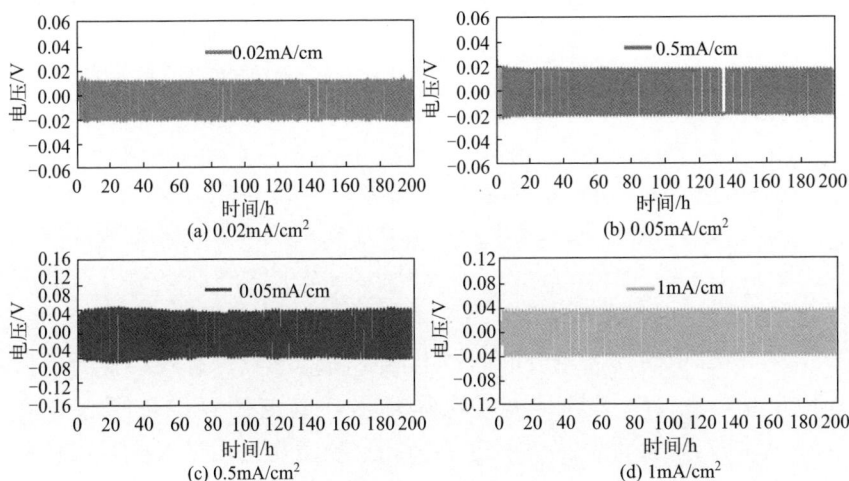

图 4-6 电解质膜 Li/MOF-808-Li 在对称锂电池中的剥离电镀行为

4.3.3 Li/MOF-808-Li 电解质膜的循环性能及倍率性能分析

由图 4-7 (a) 知，在 1C 下，由 Li/MOF-808-Li 组装的固态电池 Li｜Li/MOF-808-Li｜LiFePO₄ 首圈充电比容量和首圈放电比容量分别为 120mA·h/g 和 121mA·h/g。在进行 300 次循环后，放电比容量仍可达到 118mA·h/g，容量保持率为 98%。如图 4-7 (b) 所示，CLM0 在循环 160 次、200 圈后，其放电比容量仅为 71mA·h/g，CLM1 在循环 300 圈后，放电比容量仍可达到 83mA·h/g，容量保持率为 70%，此时的库仑效率为 94%。

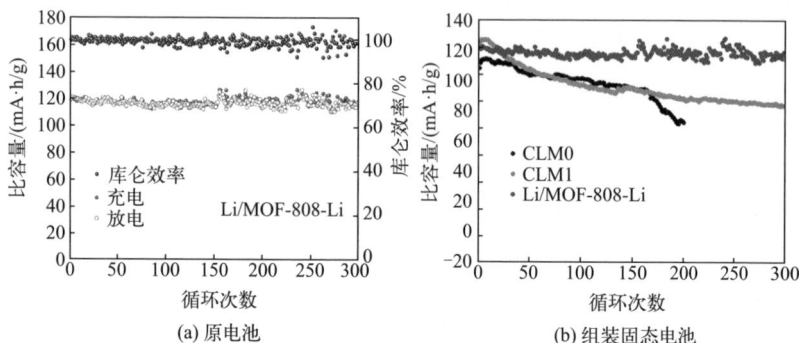

图 4-7 Li｜Li/MOF-808-Li｜LiFePO$_4$ 在 1C 下的循环性能（见彩插）

小结

经溶剂热处理合成的 MOF-808 中存在的 Lewis（路易斯）酸性位点可以影响锂离子的配位关系，使其在更少的能量驱动下就能实现移动，不仅进一步增加了锂离子在孔道当中的浓度，而且使以 Li/MOF-808-Li 电解质膜组装的固态电池在高倍率下也有较为优异的循环稳定性，在 1C 下进行 300 次循环后，放电比容量仍可保持在 118mA·h/g，容量保持率可达 98%，这项工作为用于安全且高性能固态电池的高性能固态电解质材料提供了有效的设计策略。

第 5 章　间苯二胺COFs基电解质在固态锂离子电池中的应用

随着社会的进步，电子产品、电动汽车和储能需求不断增加，锂离子电池亟需提升其能量密度和安全性。与传统锂离子电池相比，全固态锂离子电池在兼容锂金属阳极方面表现出更佳的性能，从而显著提升能量密度。作为关键组成部分的固态电解质必须具备优异的电化学性能，包括高离子电导率、宽电压窗、高锂离子迁移率和良好的锂枝晶抑制能力。共价有机框架化合物（COFs）由轻质元素如 C、N、H、O 和 B 通过可逆共价键构成，因其独特的孔结构和周期性特征，在气体吸附、催化及电化学领域备受关注。

本章节基于文献中所述的方法，以 2,4,6-三甲酰间苯三酚（Tp）、1,3-苯二胺（Ma）和 3,5-二氨基苯甲酸（DaBA）为原料，采用溶剂热法合成了两种 COFs 材料：TpMa 和 TpDa。随后，对 TpDa 进行锂化处理，得到 TpDa-Li 材料。将上述 COFs 材料与锂盐 LiTFSI 和聚偏氟乙烯（PVDF）在 NMP 中充分搅拌均匀，以制备 COFs 固态电解质。采用金属锂作为负极、磷酸铁锂作为正极，结合所制备的固态电解质构建扣式电池结构，并对其进行循环性能测试。在该结构中，负载的锂盐提供锂离子，而 COFs 材料则为离子传输提供通道。本研究将探讨 TpMa、TpDa 和 TpDa-Li 作为锂离子电池固态电解质的锂离子传输能力及其电化学性能。

5.1　TpMa 类电解质膜的制备

5.1.1　TpMa 的制备

本文采用溶剂热法合成了 TpMa 材料。首先，称量 2,4,6-三甲酰间苯三酚（Tp，120mg）和 1,3-苯二胺（Ma，108mg），将其置于 30mL 的均三甲苯与 1,4-二氧六环的混合溶剂中（体积比 1∶1）。随后，滴加 4mL 的 6mol/L 冰醋酸，并通过超声处理使其均匀分散。在氮气氛围下，将混合液密闭置于液氮浴中，反复进行冷冻-解冻处理三次，之后恢复至室温并在 120℃下反应 72h。待反应结束后，使用丙酮、甲醇和四氢呋喃分别对得到的固体材料进行 3 至 5 次洗涤，直至上清液呈无色。最后，在90℃下进行减压干燥12h，以去除残余溶剂，最终获得黄色粉末材料 TpMa。

5.1.2 TpDa 的制备

本文采用溶剂热法合成了 TpDa 材料。首先，称量2,4,6-三甲酰间苯三酚（Tp，120mg）和3,5-二氨基苯甲酸（DaBA，130mg），将其置于30mL的均三甲苯与1,4-二氧六环的混合溶剂中（体积比1:1）。随后，滴加4mL的6mol/L冰醋酸，并通过超声处理使其均匀分散。在氮气氛围下，将混合液密闭置于液氮浴中，反复进行冷冻-解冻处理三次，之后恢复至室温并在120℃下反应72h。待反应结束后，使用丙酮、甲醇和四氢呋喃分别对得到的固体材料进行3至5次洗涤，直至上清液呈无色。最后，在90℃下进行减压干燥12h，以去除残余溶剂，最终获得暗黄色粉末材料 TpDa。

5.1.3 TpDa-Li 的制备

称量锂盐 LiTFSI（860mg），溶解于20mL的无水乙腈中。随后加入1.0g的 TpDa 材料，充分搅拌12h以确保混合均匀。得到的固体材料经过乙腈洗涤3次，以去除未反应的锂盐和杂质。最后，在90℃下进行减压干燥12h，以脱除残余溶剂，从而得到深黄色粉末TpDa-Li 材料。

5.1.4 TpMa、TpDa 和 TpDa-Li 电解质膜的制备

将上述得到的 TpMa、TpDa 和 TpDa-LiCOFs 材料与 LiTFSI 在NMP 溶液中充分混合，搅拌12h，以确保锂盐充分进入 COFs 的孔道内部。随后，加入黏结剂 PVDF，按照质量比 COFs：LiTFSI：PVDF＝1:0.7:0.7的比例继续搅拌12h，调整成浆料。将调好的浆料转移到模具中，并在90℃下进行减压干燥12h，以脱除溶剂。最终，将得到的固态电解质剪裁为16mm圆片，并保存在充满氩气的手套箱中等待进一步测试。

5.2 TpMa 类材料的结构及形貌表征

5.2.1 TpMa 类材料的 XRD 分析

图 5-1 展示了 TpMa、TpDa 和 TpDa-Li 的 XRD 测试图谱以及通过 Materials Studio（材料计算软件）进行的精修结果。如图 5-1（a）所示，TpMa 在 $2\theta = 5.4°$ 和 $9.2°$ 处出现衍射峰，分别对应材料的（0，1，0）和（1，1，0）衍射晶面。图 5-1（b）中的 TpDa 则在 $2\theta = 8.1°$、$9.4°$ 和 $10.5°$ 处显示衍射峰，分别对应（1，1，0）、（0，0，1）和（0，1，1）晶面。图 5-1（c）中，TpDa-Li 在 $2\theta = 8.1°$ 和 $10.3°$ 处的衍射峰对应于（1，1，0）和（1，-1，1）晶面。从图 5-1（d）可以看出，TpMa 材料的粉末衍射实验值与模拟后精修的误差因子为：

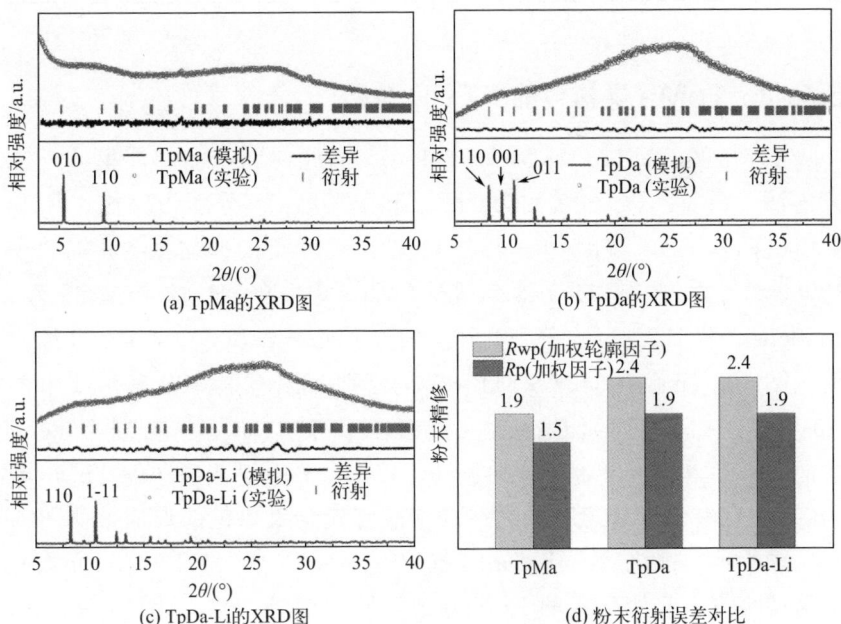

(a) TpMa的XRD图

(b) TpDa的XRD图

(c) TpDa-Li的XRD图

(d) 粉末衍射误差对比

图 5-1 TpMa 类材料的 XRD 测试及误差分析

$R\mathrm{wp}=1.9\%$，$R\mathrm{p}=1.5\%$；而 TpDa 和 TpDa-Li 的误差因子则为：$R\mathrm{wp}=2.4\%$，$R\mathrm{p}=1.9\%$。这些较小的误差表明材料的 XRD 测试结果与模拟结果非常接近，进一步验证了 TpMa、TpDa 和 TpDa-Li 材料的成功合成。测试结果显示，材料的衍射峰强度较低且峰型不尖锐，反映出其结晶度较低。模拟的各个晶胞参数见表 5-1，从表中的 a、b 和 c 的数据可以看出，羧酸的引入有效扩展了孔径，晶胞参数的增加有助于扩大离子迁移通道，从而提升电导率。这些结果表明，通过调节材料的结构特性，可以进一步优化其电导性能。

表 5-1　模拟的晶胞参数

COFs	a	b	c	α	β	γ
TpMa	19.00923	19.04000	3.72337	90.09767	89.63012	120.65306
TpDa	21.79876	21.80007	9.49718	89.74939	89.97241	120.14726
TpDa-Li	21.79750	21.79064	9.53890	89.73715	90.14342	119.85384

5.2.2　TpMa 类材料的 FT-IR 分析

图 5-2 为 TpMa、TpDa 和 TpDa-Li 的原料和产品的傅里叶红外光谱图。图 5-2（a）中，$2894\mathrm{cm}^{-1}$ 和 $1640\mathrm{cm}^{-1}$ 分别为原料 2,4,6-三甲酰间苯三酚（Tp）中 $CH=O$ 和 $C=O$ 键的伸缩振动，$3404\sim3208\mathrm{cm}^{-1}$ 为原料 1,3-苯二胺（Ma）中 $N-H$ 的伸缩振动。$1850\mathrm{cm}^{-1}$ 和 $1274\mathrm{cm}^{-1}$ 分别为 TpMa 中的 $C=C$ 和 $C-N$ 键的伸缩振动。图 5-2（b）中 $3434\sim3418\mathrm{cm}^{-1}$ 分别为原料 3,5-二氨基苯甲酸（DaBA）中 $N-H$ 的伸缩振动。$1584\mathrm{cm}^{-1}$ 和 $1276\mathrm{cm}^{-1}$ 分别为 TpDa 中的 $C=C$ 和 $C-N$ 键的伸缩振动。以上红外分别表明产物 TpMa 和 TpDa 中存在醛基和氨基断裂与碳碳双键及碳氮单键的形成。如图 5-2（c）所示，锂化后的 TpDa-Li 框架上 $O=C-O$ 和 $C-N$ 特征吸收峰保留完好，表明引入的 Li 没有破坏原有红外结构。此外，由于引入了锂取代羧酸结构中的氢，使结构中化学键的键长变短，吸收峰发生了红移。$O=C-O$ 由原来的 $1706\mathrm{cm}^{-1}$ 移动至 $1716\mathrm{cm}^{-1}$，$O-H$

锂化为 O—Li，振动峰由 615cm^{-1} 移动至 668cm^{-1}，上述结果表明 TpDa-Li 被成功合成。

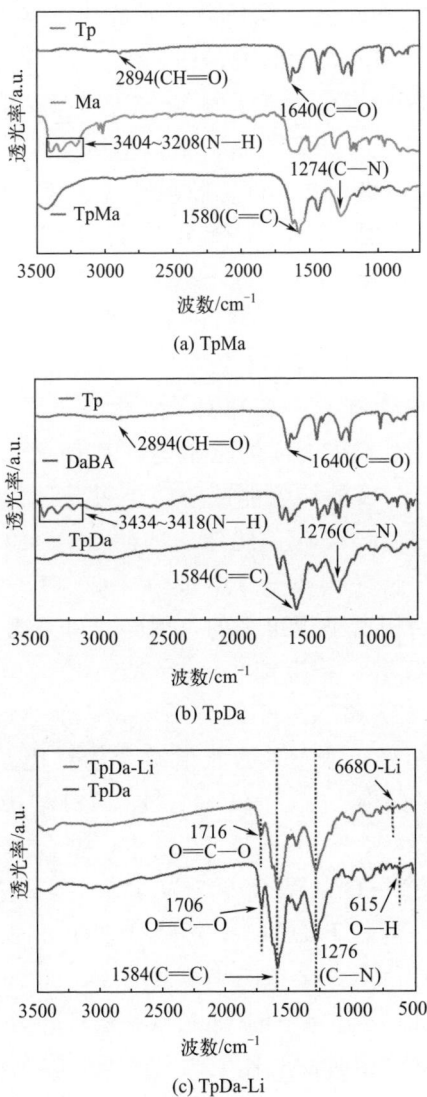

(a) TpMa

(b) TpDa

(c) TpDa-Li

图 5-2　FT-IR 测试

5.2.3 TpMa 类材料的 XPS 分析

利用 XPS 研究不同元素在样品表面的化学状态。图 5-3 为 Tp-Ma、TpDa 和 TpDa-Li 的 XPS 光谱图。图 5-3（a）为 TpMa、TpDa 和 TpDa-Li 的 C 1s 窄谱，表 5-2 为 TpMa、TpDa 和 TpDa-Li 的 XPS 碳谱结合能对比。TpMa 中碳谱拟合峰分别位于 284.4eV、285.9eV、288.5eV 和 290.5eV，归属于 C＝C、C—N、C＝O 和 C—O—H；TpDa 中碳谱拟合峰分别位于 284.4eV、285.5eV、286.3eV 和 288.8eV，归属于 C＝C、C—N、C＝O 和 O＝C—OH；TpDa-Li 中碳谱拟合峰分别位于 284.4eV、285.8eV、286.7eV 和 288.4eV，归属于 C＝C、C—N、C＝O 和 O＝C—O，上述碳谱测试中均含有 C＝C 和 C—N 的拟合峰，表明三种 COFs 材料中均含有 C＝C 和 C—N 的化学键。TpDa 结构中羧酸官能团，会诱导 C—N 和 C＝O 的结合能减小，当对其进行锂化后，结合能恢复至 285.8eV 和 286.7eV。此外，三种 COFs 的结构在碳谱中分别体现出 C—O—H、O＝C—OH 和 O＝C—O 不同的拟合峰，这是由不同的化学结构所呈现出来的。图 5-3（b）为 TpMa、TpDa 和 TpDa-Li 的 N 1s 窄谱，结合能位于 399.8eV 和 403.3eV 处的两个拟合峰分别为 C—N 和 N—H 键。图 5-3（c）为 TpMa、TpDa 和 TpDa-Li 的 O 1s 窄谱，表 5-3 为氧谱结合能对比。TpMa 中，结合能位于 530.9eV 归属于 C—O—H 键；TpDa 中，结合能位于 531.0eV 归属于 O＝C—OH；TpDa-Li 中，结合能位于 531.1eV 归属于 O＝C—O；C＝O 的结合能均为 532.9eV，表明其存在烯醇-酮式结构转化。此外，TpDa-Li 中，结合能位于 533.8eV 为 O—Li 键。如图 5-3（d）所示，全谱图中均含有 C、N 和 O 元素，结合能在 56eV 为 TpDa-Li 化合物中的 Li 元素。表 5-3 为 TpMa、TpDa 和 TpDa-Li 的 XPS 氧谱结合能对比。

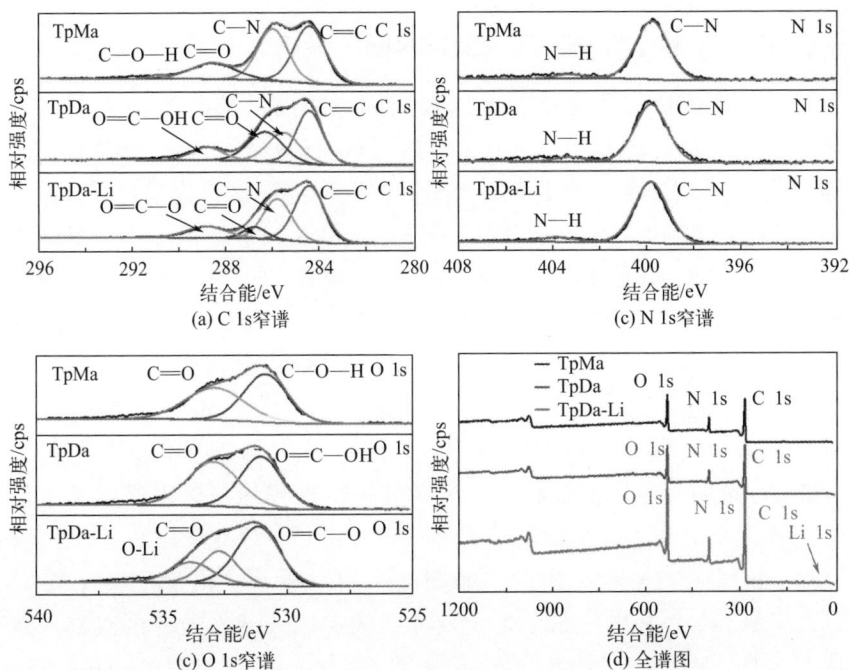

(a) C 1s窄谱

(c) N 1s窄谱

(c) O 1s窄谱

(d) 全谱图

图 5-3　TpMa、TpDa 和 TpDa-Li 的 XPS 测试（见彩插）

表 5-2　TpMa、TpDa 和 TpDa-Li 的 XPS 碳谱结合能对比 单位：eV

COFs	C=C	C—N	C=O	C—O—H	O=C—OH	O=C—O
TpMa	284.4	285.9	288.5	290.5	—	—
TpDa	284.4	285.5	286.3	—	288.8	—
TpDa-Li	284.4	285.8	286.7	—	—	288.4

表 5-3　TpMa、TpDa 和 TpDa-Li 的 XPS 氧谱结合能对比 单位：eV

COFs	C—O—H	O=C—OH	O=C—O	C=O	O—Li
TpMa	530.9	—	—	532.9	—
TpDa	—	531.0	—	532.9	—
TpDa-Li	—	—	531.1	532.9	533.8

5.2.4　TpMa 类材料的[13]CSSNMR 分析

通过固体核磁共振技术可以探测固态样品内部的结构信息以及提供材料微观结构和分子动力学信息，从而确定 COFs 化合物的化学键情况。图 5-4（a）为 TpMa 的固体核磁碳谱测试，化学位移 106.5 和 184.0 归属于 C＝C—N 和 C＝O 化学键，化学位移 147.5 归属于 C—N 化学键。如图 5-4（d）所示，化学位移 116.3、123.0 和 139.4 分别归属于 TpMa 结构式 e、d 和 c 位置的碳键。图 5-4（b）为 TpDa 的固体核磁碳谱测试，化学位移 106.6 和 183.5 归属于 C＝C—N 和 C＝O 化学键，化学位移 147.6 归属于 C—N 化学键。如图 5-4（e）所示，化学位移 116.6、132.8 和 139.2 分别归属于 TpDa 结构式 e、d 和 c 位置的碳键。图 5-4（c）为 TpDa-Li 的固体核磁碳谱测试，化学位移 106.7 和 183.7 归属于 C＝C—N 和 C＝O 化学键，化学位移 148.1 归属于 C—N 化学键。如图 5-4（f）所示，化学位移 116.9、132.9 和 139.4 分别归属于 TpDa-Li 结构式 e、d 和 c 位置的碳键。上述 C＝C—N、C＝O 和 C—N 化学键的存在，表明材料 TpMa、Tp-Da 和 TpDa-Li 成功合成并且结构中存在烯醇-酮式的相互转化。星号（★）表示由旋转的边带引起的峰和孔中的溶剂小分子存在引起的峰。固体核磁测试中存在的化学键与红外测试和能谱的测试结果一致，验证 TpMa、TpDa 和 TpDa-Li 被成功合成。

5.2.5　TpMa 类材料的 SEM 分析

利用 SEM 对 COFs 的微观形貌进行分析，图 5-5 为 TpMa、Tp-Da 和 TpDa-Li 的 SEM 图像。TpMa 颗粒分布较均匀，且平均尺寸为 200nm，较小的颗粒增加了材料的比表面积，有利于提高离子电导率。TpDa 材料结构疏松，TpDa-Li 材料呈现蓬松絮状。

5.2.6　TpMa 类材料的 TG 分析

图 5-6 为温度范围在室温至 800℃的 TpMa、TpDa 和 TpDa-Li 材

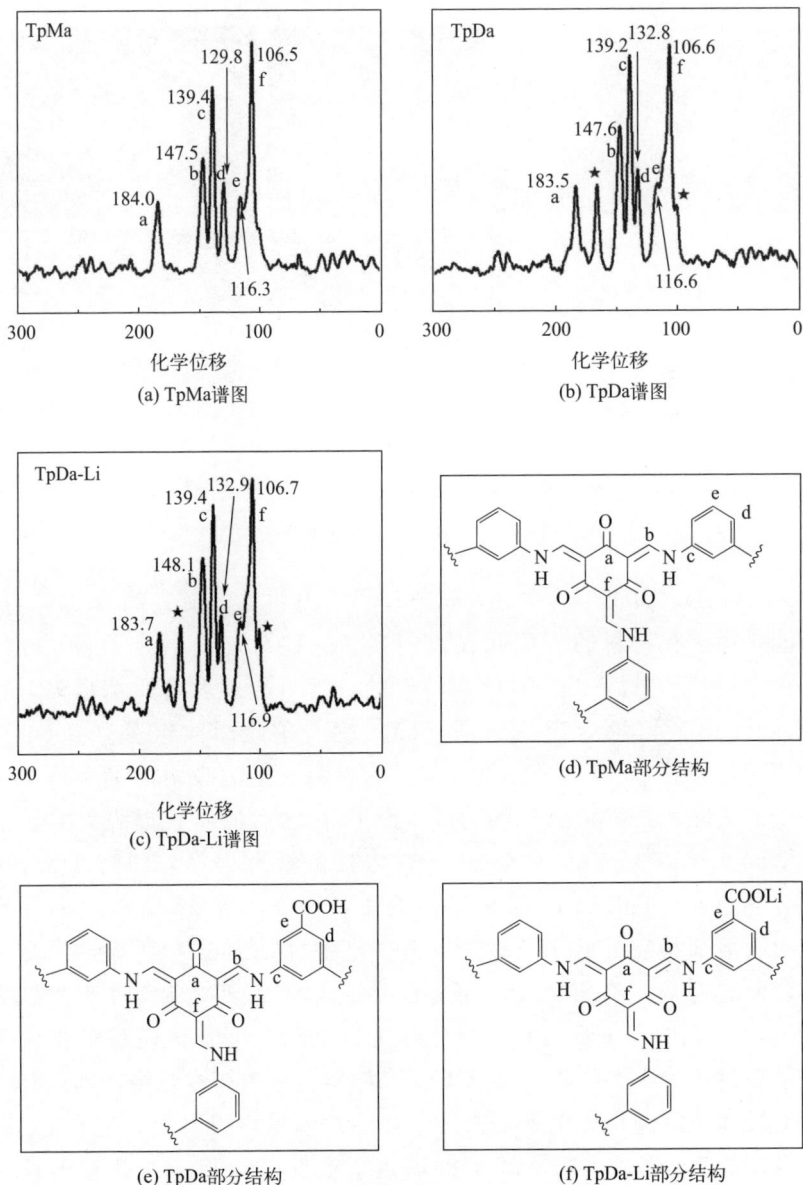

(a) TpMa谱图

(b) TpDa谱图

(c) TpDa-Li谱图

(d) TpMa部分结构

(e) TpDa部分结构

(f) TpDa-Li部分结构

图 5-4　固体核磁碳谱测试以及部分结构式

图 5-5　TpMa 类材料 SEM 图
〔（a）TpMa；（b）TpDa；（c）TpDa-Li；（d）TpMa 放大；
（e）TpDa 放大；（f）TpDa-Li 放大）〕

料的 TG 测试曲线。其中 TpMa 在 300℃内的质量损失约为 8%，这可能是由于在材料的表面和孔道中残留一些溶剂或小分子蒸发分解所致。300℃之后，TpMa 结构骨架的分解引起显著的质量损失，直至 800℃时残留量为 59%，即 TpMa 完全碳化后的组分。TpDa 在 100℃时开始出现第一个失重拐点，为材料孔道内吸附溶剂和残留小分子的去除，失重百分比约为 9%。300℃之后的质量损失为共价有机框架 TpDa 的分解，直至 800℃时，残留量为 52%，即为 TpDa 碳化后的组分。TpDa-Li 在 300℃内的质量损失约为 6%，为材料孔道内吸附溶剂和残留小分子的去除。300℃之后开始进行明显的质量损失，此时为共价有机框架 TpDa-Li 的分解，直至 800℃时残留量为 53%，为 TpDa-Li 碳化后的组分。从热重图中可看出质量的损失证实了[13]CSSNMR 的结论，即在 COFs 材料孔道中存在残余杂质，其无法通过简单洗涤释放出来。通过上述热重测试可以看出，三种 COFs 材料均能稳定在 300℃，均可以满足电池测试过程中对热稳定性的需求。

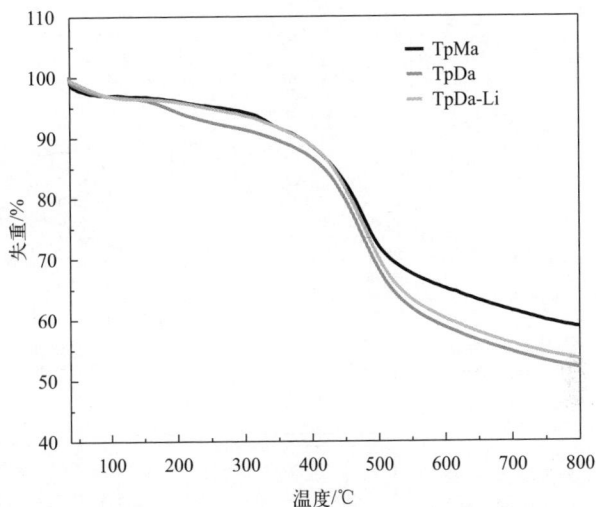

图 5-6　TpMa、TpDa 和 TpDa-Li 的 TG 测试（见彩插）

5.2.7　TpMa 类材料的 BET 分析

在标准温度与压力下对 TpMa、TpDa 和 TpDa-Li 进行 N_2 吸脱附测试，前处理脱气温度均为 $110℃$，脱气时间 24h。如图 5-7 所示，根据 IUPAC 分类，这些 N_2 吸附等温线显示了 Ⅳ 型等温线，在解吸时具有宽滞后性。TpMa、TpDa 和 TpDa-Li 的比表面积分别为 $57m^2/g$、$152m^2/g$ 和 $157m^2/g$；孔径分别为 1.4nm、3.8nm 和 3.8nm。由于 TpDa 结构中存在羧酸官能团，相较于 TpMa，其比表面积有所增大，对应其材料存在微孔和介孔的结构。TpDa-Li 的比表面积相较于 TpDa 略微增加，这可能是由于 TpDa-Li 材料中 Li—O 键的形成提升了材料的比表面积。上述孔径均能容纳锂离子在孔道内自由通过，这也是本论文选择 TpMa 类 COFs 作为固态电解质材料的一个重要原因。

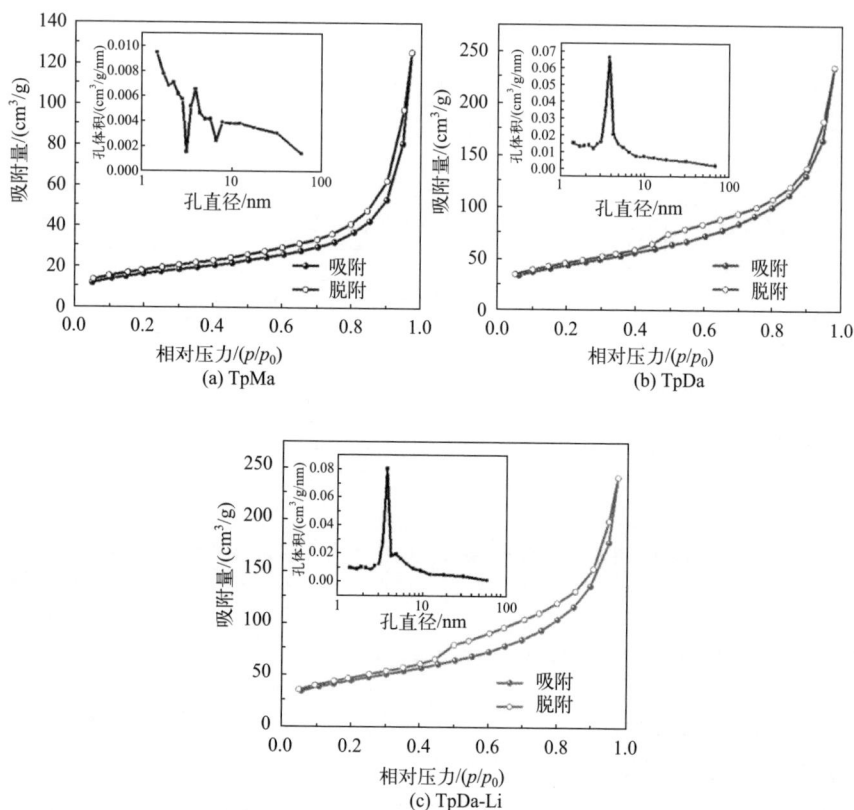

图 5-7 氮气吸脱附曲线和孔径分布测试图

5.3 TpMa 类电解质膜的电化学性能测试

5.3.1 TpMa 类电解质膜的离子电导率分析

电解质材料的离子传输特性可以通过电化学阻抗谱测定。如图 5-8（a）～（c）所示，电解质 TpMa、TpDa 和 TpDa-Li 在 25～85℃ 温度范围内进行了电化学阻抗测试，研究电解质的离子电导率情况。经计算，TpMa、TpDa 和 TpDa-Li 室温下离子传导性能显著，分别为：$5.68 \times 10^{-4} \mathrm{S/cm}$、$7.23 \times 10^{-4} \mathrm{S/cm}$ 和 $9.25 \times 10^{-4} \mathrm{S/cm}$，当温度提升至 85℃ 时，离子电导率分别为：$2.68 \times 10^{-3} \mathrm{S/cm}$、$3.30 \times 10^{-3} \mathrm{S/cm}$ 和 $3.51 \times 10^{-3} \mathrm{S/cm}$。测试结果显示电解质 TpMa、TpDa 和 TpDa-Li 具有较小的界面阻抗，可以抑制枝晶的成核生长，从而延长电池使用寿命。这可能由于材料之间较小的空隙使得总有效接触面积增加，导致界面阻抗变小，进而离子电导率增加。如图 5-8 (d) 所示，在此温度范围内，离子电导率随温度的变化呈现线性相关，其相关系数 r 分别为：0.99、0.99 和 0.99。由于离子在电解质中的传输和扩散都是与温度相关的，这种现象符合阿伦尼乌斯行为。

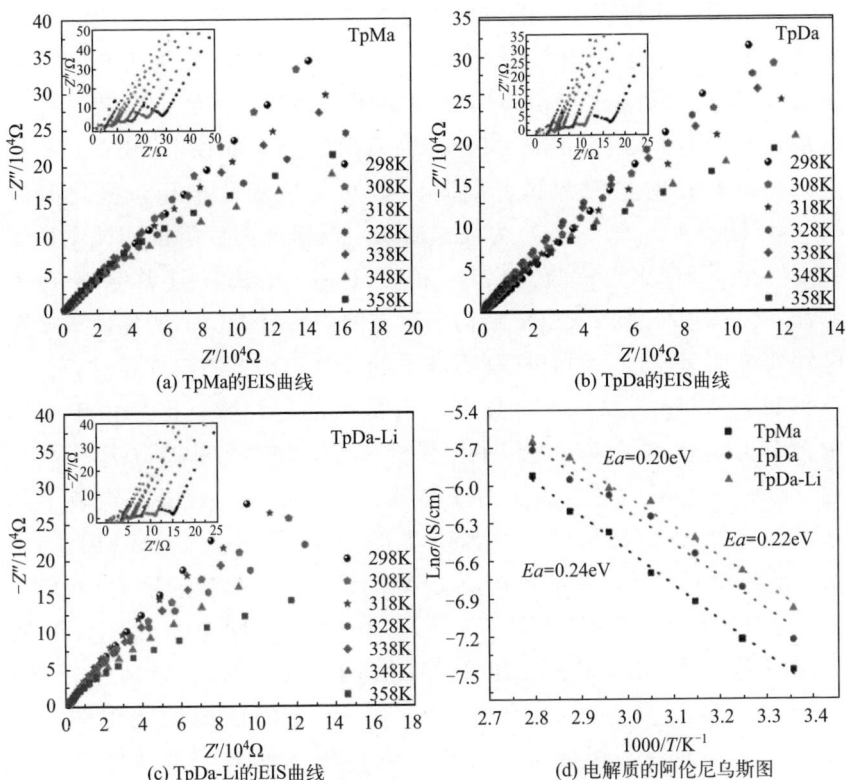

图 5-8　TpMa 类电解质膜的 EIS 测试及阿伦尼乌斯图（见彩插）

[图（a）～（c）插图为阻抗高频区放大图]

由线性曲线的斜率可以计算 TpMa、TpDa 和 TpDa-Li 电解质的活化能分别为 0.24eV、0.22eV 和 0.20eV。通过测试可以发现，上述电解质具有较高的离子电导率和较低的活化能。锂离子迁移的活化能越低意味着界面电位越均匀，从而使 LiTFSI 在电极与电解质界面处解离，加速了锂离子的传输效率。因此，在电场的作用下可以实现离子的快速传输，锂盐为其提供了迁移的锂离子，COFs 材料 TpMa、TpDa 和 TpDa-Li 为离子传输提供了通道。

5.3.2　TpMa 类电解质膜的迁移数和电化学窗口分析

在电池工作过程中，既有阳离子的移动也有阴离子的移动。为了明确锂离子在电解质内部的迁移数量，通过恒电位极化法来计算电解质 TpMa、TpDa 和 TpDa-Li 的锂离子迁移数。室温下组装对称锂电池，分别为：Li｜TpMa｜Li、Li｜TpDa｜Li 和 Li｜TpDa-Li｜Li 进行阻抗和计时电流测试，期间施加 0.01V 极化电压，极化时间 6000s。图 5-9（a）～（c）为极化曲线以及极化前后阻抗测试图，由式（2-2）计算出 TpMa、TpDa 和 TpDa-Li 的离子迁移数分别为 0.75、0.83 和 0.89。TpDa 结构中存在的羧酸官能团，诱导锂离子在电解质中加速通过，同时抑制阴离子的迁移，因此 TpDa 相比 TpMa 迁移数有所提高。TpDa-Li 具有三者最高的迁移数，这是由于结构中含有 Li，在离子输运过程中提供锂离子。较高的锂离子迁移数表明 TpDa-Li 电解质对锂离子的迁移具有引导作用。室温下组装半阻塞电池，即 SS｜TpMa｜Li、SS｜TpDa｜Li 和 SS｜TpDa-Li｜Li 扣式电池。对上述半阻塞电池进行 LSV 测试，设定扫描速度为 1mV/s，扫描窗口为 0～6.0V。图 5-9（d）显示了不同电解质 COFs 的 LSV 曲线，TpMa、TpDa 和 TpDa-Li 的电化学窗口分别稳定在：1.0～4.0V、1.0～4.2V 和 1.0～4.4V，足够匹配氧化锂钴、磷酸铁锂、锰酸钾等正极材料，能够满足固态锂离子电池宽电化学窗口需求。

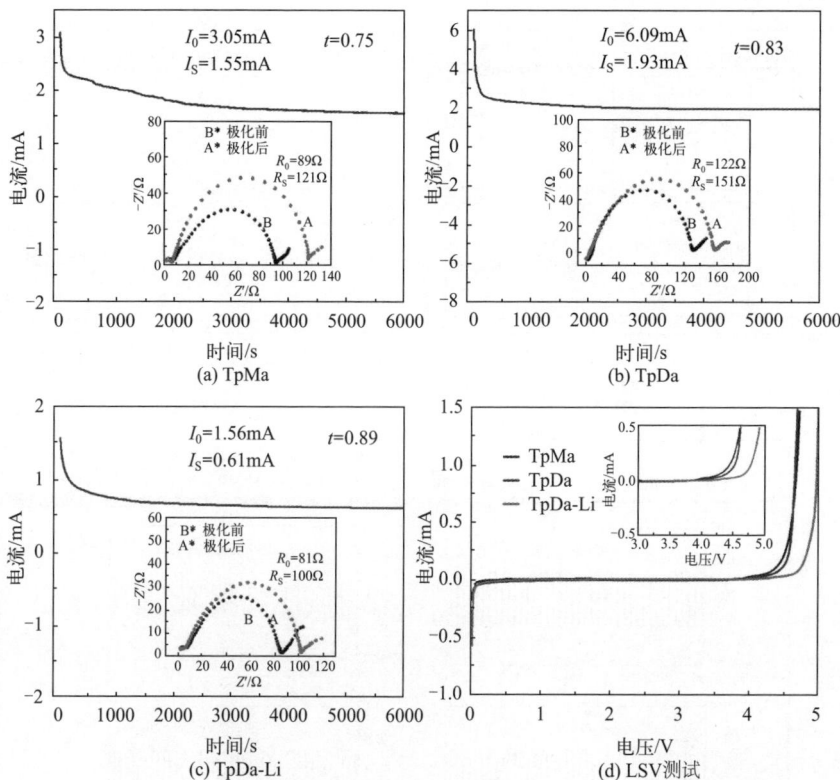

图 5-9　TpMa 类电解质膜的锂离子迁移数和 LSV 测试（见彩插）
［图（a）～（c）插图为极化前后阻抗测试图，图（d）为放大图）］

5.3.3　TpMa 类电解质膜的剥离电镀分析

通过对锂电池进行恒流充放电试验，用以评价电解质 TpMa、TpDa 和 TpDa-Li 与锂电极的兼容性。如图 5-10（a）所示，Li｜Tp-Ma｜Li 电流密度分别为 $0.02mA/cm^2$、$0.05mA/cm^2$、$0.1mA/cm^2$ 和 $0.2mA/cm^2$ 时，极化电压分别为 10mV、30mV、100mV 和 190mV。如图 5-10（b）所示，Li｜TpDa｜Li 电流密度分别为 $0.02mA/cm^2$、$0.05mA/cm^2$、$0.1mA/cm^2$ 和 $0.2mA/cm^2$ 时，极化电压分别为 9mV、28mV、70mV 和 150mV。如图 5-10（c）所示，

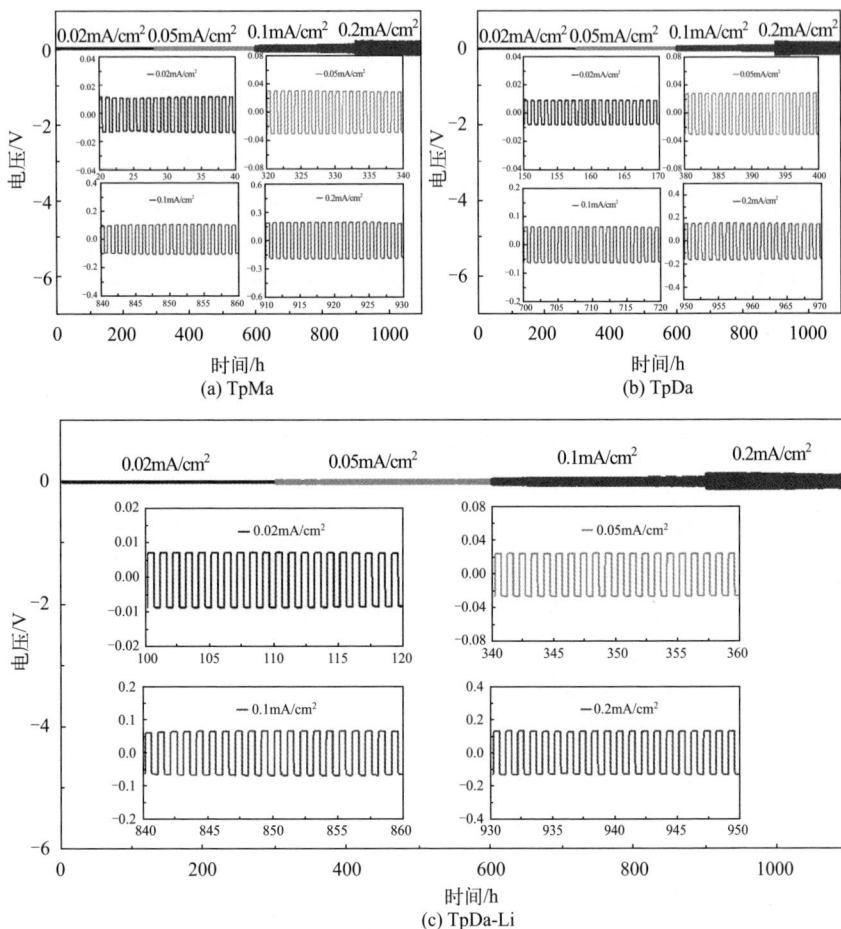

图 5-10　TpMa 类电解质膜在对称锂电池中的剥离电镀行为（见彩插）
（插图为不同电流密度的放大图）

Li｜TpDa-Li｜Li 在电流密度分别为 0.02mA/cm²、0.05mA/cm²、
0.1mA/cm² 和 0.2mA/cm² 时，极化电压分别为 7mV、24mV、
65mV 和 130mV。随着电流密度的增大，三种 COFs 极化电压均增
加，这是受电阻和平均功率的影响。相同的电流密度下，由于 TpDa
中存在羧酸，使其极化电压轻微减小，进一步锂化形成 TpDa-Li 后，

极化电压减小。电解质 TpMa、TpDa 和 TpDa-Li 组成的锂电池均能稳定循环超过 1000h。这表明电池内部没有发生电池短路，电解质与电极间具有良好的界面相容性，从而提高电池的安全性能。

5.3.4　TpMa 类电解质膜的循环性能以及倍率性能分析

通过组装扣式全电池 LFP｜TpMa｜Li、LFP｜TpDa｜Li 和 LFP｜TpDa-Li｜Li 来评估 COFs 材料在锂离子电池中应用的可行性。如图 5-11（a）所示，LFP｜TpMa｜Li 在 1C 电流密度充放电 300 圈，首圈充放电比容量均为 96mA·h/g，终末循环充放电比容量分别为 81mA·h/g 和 80mA·h/g，放电容量保持率为 83%。如图 5-11（b）所示，LFP｜TpMa｜Li 在 0.2C 电流密度充放电 300 圈，

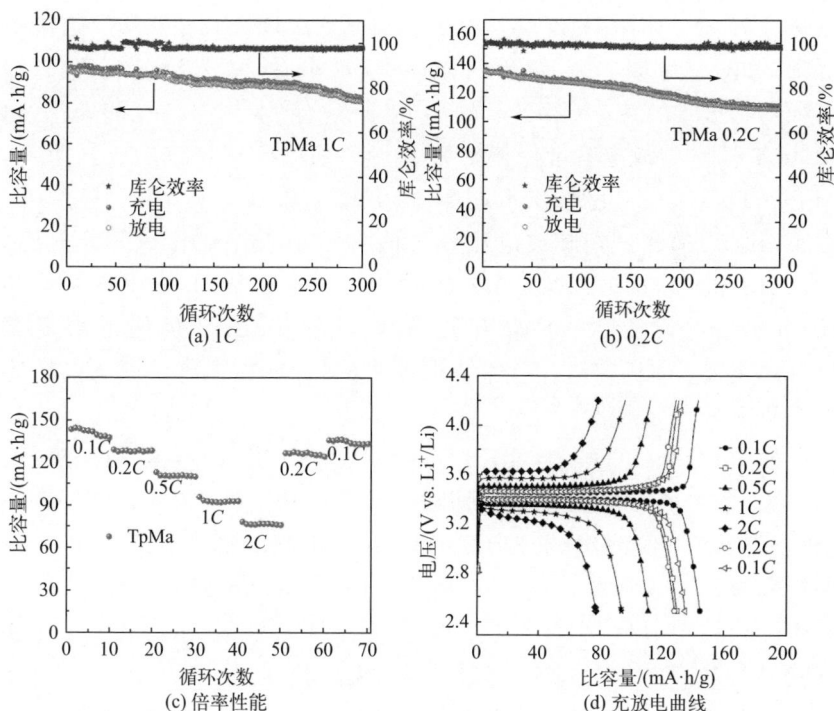

图 5-11　LFP｜TpMa｜Li 电池在不同倍率下的恒电流充放电曲线

首次充放电比容量分别为 134mA·h/g 和 134mA·h/g，终末循环充放电比容量分别为 110mA·h/g 和 108mA·h/g，放电容量保持率为 81%。如图 5-11（c）、（d）所示，LFP｜TpMa｜Li 电池在不同倍率 0.1C、0.2C、0.5C、1C、2C、0.2C 和 0.1C 下，其放电比容量分别为 143mA·h/g、129mA·h/g、113mA·h/g、96mA·h/g、78mA·h/g、126mA·h/g 和 136mA·h/g，在 2C 下循环 10 圈后，在 0.1C 下仍然可恢复至 136mA·h/g 的比容量。上述结果表明：TpMa 应用于锂离子固态电解质中具有一定可行性。

如图 5-12（a）所示，LFP｜TpDa｜Li 在 1C 电流密度充放电 300 圈，首次充放电比容量分别为 118mA·h/g 和 117mA·h/g，终末循环充放电比容量分别为 91mA·h/g 和 90mA·h/g，放电容量保持率为 77%。如图 5-12（b）所示，LFP｜TpDa｜Li 在 0.2C 电流密度充放电 300 圈，首次充放电比容量分别为 158mA·h/g 和 157mA·h/g，终末循环充放电比容量分别为 133mA·h/g 和 131mA·h/g，放电容量保持率为 83%。如图 5-12（c）、（d）所示，LFP｜TpDa｜Li 电池在不同倍率 0.1C、0.2C、0.5C、1C、2C、0.2C 和 0.1C 测试，其放电比容量依次为 157mA·h/g、152mA·h/g、137mA·h/g、115mA·h/g、90mA·h/g、140mA·h/g 和 154mA·h/g，在 2C 下循环 10 圈后，在 0.1C 下仍然可恢复至 154mA·h/g 的比容量。上述结果表明：TpDa 在锂离子固态电解质上的研究具有可行性。

如图 5-13（a）所示，LFP｜TpDa-Li｜Li 在 1C 电流密度充放电 300 圈，首次充放电比容量分别为 140mA·h/g 和 139mA·h/g，终末循环充放电比容量分别为 113mA·h/g 和 113mA·h/g，放电容量保持率为 81%。如图 5-13（b）所示，LFP｜TpDa-Li｜Li 在 0.2C 电流密度充放电 300 圈，首次充放电比容量分别为 166mA·h/g 和 165mA·h/g，终末循环充放电比容量分别为 147mA·h/g 和 146mA·h/g，放电容量保持率为 88%。在 1C 和 0.2C 分别循环 300 圈且均具有较高的容量保持率，表明电池具有良好的稳定性，这可能

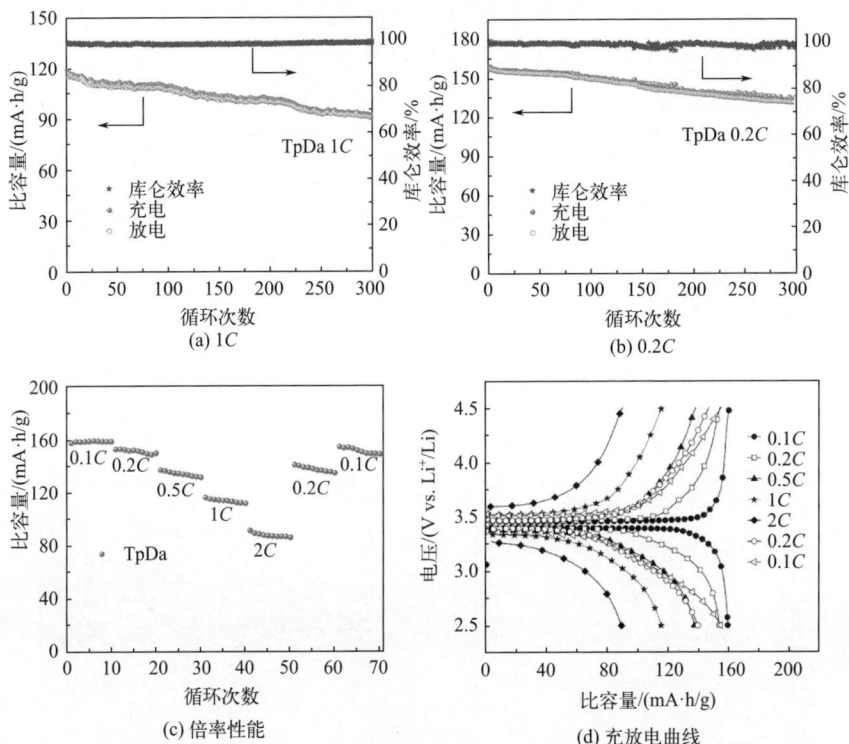

图 5-12　LFP｜TpDa｜Li 电池在不同倍率下的恒电流充放电曲线

与正极材料 LFP 的良好匹配以及电解质的组成有关。如图 5-13（c）和（d）所示，LFP｜TpDa-Li｜Li 电池在不同倍率 0.1C、0.2C、0.5C、1C、2C、0.2C 和 0.1C 循环，其放电比容量依次为 176mA·h/g、168mA·h/g、148mA·h/g、130mA·h/g、102mA·h/g、162mA·h/g 和 165mA·h/g，在 2C 循环 10 圈后，在 0.1C 下仍然可恢复至 165mA·h/g 的比容量。以上结果表明：电解质 TpMa、TpDa、TpDa-Li 可以实际应用于锂离子固态电解质材料，具有很好的研究价值。

如图 5-14 所示，TpMa 为基础材料进行实验研究，分别进行引入羧酸和羧酸锂得到 TpDa 和 TpDa-Li，初始放电实验表明，在 1C 下放电比容量分别为 96mA·h/g、117mA·h/g 和 139mA·h/g；

在 0.2C 下初始放电比容量提升至 134mA·h/g、157mA·h/g 和 165mA·h/g，相应的倍率性能保持一致。

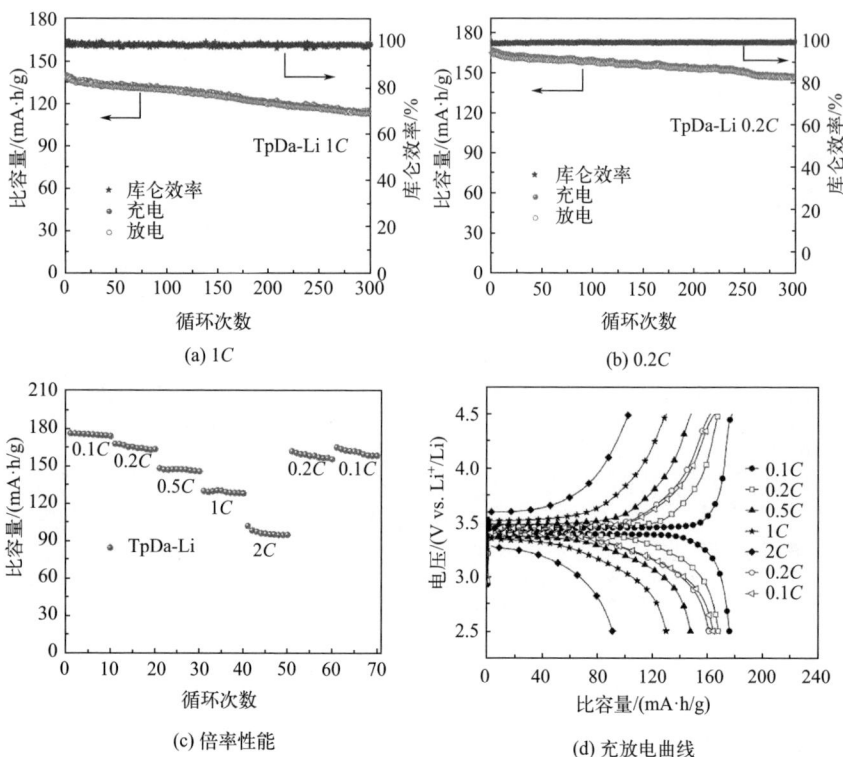

(a) 1C

(b) 0.2C

(c) 倍率性能

(d) 充放电曲线

图 5-13　LFP｜TpDa-Li｜Li 电池在不同倍率下的恒电流充放电曲线

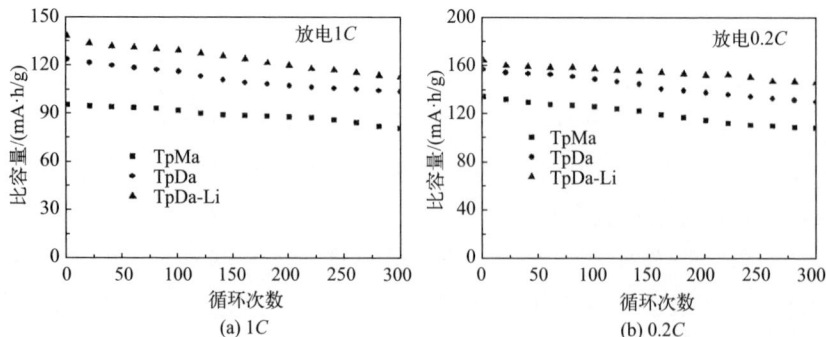

(a) 1C

(b) 0.2C

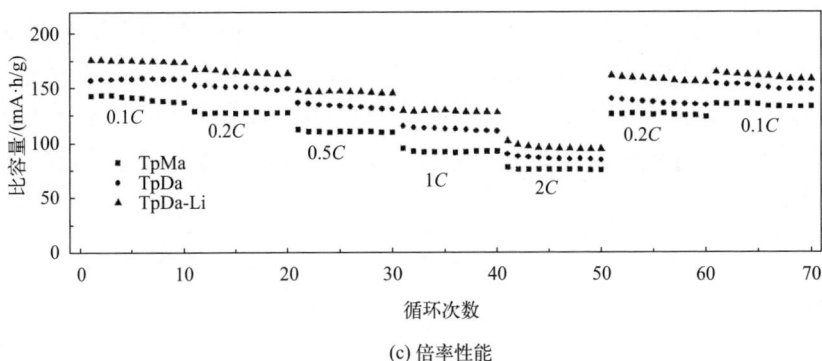

(c) 倍率性能

图 5-14　不同倍率下的恒电流充放电曲线对比图

小结

① 采用溶剂热法合成 TpMa、TpDa 和 TpDa-Li 材料，将上述 Tp 类 COFs 与 LiTFSI 负载制备电解质，通过 ^{13}CSSNMR、XRD、FT-IR 和 XPS 等表征证明材料被成功合成。

② TpMa 有序的孔结构和规整的颗粒尺寸可以负载 LiTFSI，室温下 TpMa 电解质的离子电导率可达 5.68×10^{-4} S/cm，离子迁移数为 0.75，电化学稳定窗口范围为 $1.0 \sim 4.0$ V，能够满足锂离子电池的工作条件。相较于 TpMa，由于 TpDa 引入强吸电子基团羧酸，加速了电解质中锂盐的解离以及传输，同时可以抑制阴离子的迁移，从而为锂离子的传导形成连续均匀的通道结构。电解质 TpDa 在室温下离子电导率达到 7.23×10^{-4} S/cm，离子迁移数提升至 0.83，电化学稳定窗口范围为 $1.0 \sim 4.2$ V。TpDa-Li 可为电解质中离子迁移提供部分的锂离子，同时保留羧酸的亲电子性，抑制电解质中阴离子的迁移。TpDa-Li 电解质在循环过程中有助于实现局部电流均匀分布，避免枝晶在界面处生长。电解质 TpDa-Li 在室温下离子电导率高达 9.25×10^{-4} S/cm，离子迁移数提升至 0.89，电化学稳定窗口范围拓宽至 $1.0 \sim 4.4$ V。LFP｜TpDa-Li｜Li 电池在电流密度 1C、循环 300

圈后，放电容量保持率为 81%。在 0.2C 循环 300 圈后，放电容量保持率为 88%。倍率性能试验表明：在高倍率循环后仍能恢复较高的比容量，说明 TpMa、TpDa 和 TpDa-Li 电解质具有优异的可逆性。由于 COFs 的结构可以被预先设计，离子电导率可以进一步提升，通过 COFs 的有机配体或官能团种类的替换来提高电化学性能是值得探索的一个方向。

第 6 章　MOF-74（Mg）基电解质在固态钠离子电池中的应用

固态电解质主要分为有机聚合物固态电解质、无机固态电解质以及新兴的 MOF 基固态电解质，MOF 材料因为具有独特的孔结构和极高的可修饰性，在气体吸附、催化、分离以及电化学领域成为一种热门材料。MOF-74 材料因其高密度的开放金属活性中心被认为是最有前途的金属框架之一。MOF-74 是由四个 2,5-二羟基对苯二甲酸（H_4DOBDC）有机配体连接一维棒状金属氧化物簇形成的，簇中的每种金属都由来自周围配体的五个氧原子进行八面体配位，从而产生六边形通道网络。其中 MOF-74（Mg）材料在锂固态电池中已有研究，但随着锂资源的匮乏，锂离子电池的生产成本逐渐增加，钠离子电池的开发越来越被研究人员青睐。本章旨在用 MOF-74（Mg）负载钠盐，制备 MOF-74（Mg）固态电解质膜，与磷酸钒钠 $[Na_3V_2(PO_4)_3]$ 正极材料组装固态钠离子电池，测试并分析其电化学性能。

本章节按照参考文献的方法，以六水合硝酸镁 $[Mg(NO_3)_2 \cdot 6H_2O]$ 和有机配体 2,5-二羟基对苯二甲酸为主要药品，用溶剂热法合成 MOF-74（Mg），将 MOF-74（Mg）与 $NaClO_4$ 在 N,N-二甲基甲酰胺中充分混合，再添加黏结剂（PVDF）制备 MOF-74（Mg）固态电解质膜。负载 $NaClO_4$ 来提供传输的钠离子，其中 MOF 框架中的开放金属活性中心位点可以与 ClO_4^- 配位，解离钠盐，实现钠离子的均匀传输。本研究将探究 MOF-74（Mg）作为钠离子电池固态电解质钠离子的传输能力与电化学性能。

6.1 MOF-74（Mg）基电解质膜的制备

6.1.1 MOF-74（Mg）的制备

本文采用溶剂热法合成 MOF-74（Mg）材料。准确称取 0.1331g 2,5-二羟基对苯二甲酸（H_4DOBDC）和 0.5692g 六水合硝酸镁 $[Mg(NO_3)_2 \cdot 6H_2O]$ 溶于 60mL 的 15:1:1（体积比）的 N,N-二甲基甲酰胺（DMF）/乙醇/水混合溶液中，其中 $Mg(NO_3)_2 \cdot 6H_2O$ 与

H_4DOBDC 的摩尔比为 3.31：1。将悬浮液混合并超声波处理，直至均匀。将反应溶液放入聚四氟乙烯内衬不锈钢高压釜中，将其置于 125℃鼓风干燥箱中 24h。溶剂热反应后，将得到的材料用无水甲醇洗涤 3 次，最后在 150℃真空干燥下脱除溶剂 6h，将 MOF 材料活化使金属活性位点暴露，得到深黄色晶体 MOF-74（Mg）材料。

6.1.2 Na/MOF-74 的制备

将上述实验得到的 MOF-74（Mg）材料与高氯酸钠（$NaClO_4$）按照质量比 1：1 在 N,N-二甲基甲酰胺溶剂中进行混合，搅拌 12h 使 $NaClO_4$ 充分进入 MOF-74（Mg）孔道中，得到负载 $NaClO_4$ 的 Na/MOF-74（Mg）。

6.1.3 Na/MOF-74（Mg）电解质膜的制备

将 Na/MOF-74（Mg）与黏结剂聚偏二氟乙烯（PVDF）按照质量比 3：1 进行混合，继续搅拌 12h，调成浆料。将搅拌均匀的浆料倒入培养皿并铺平，将其置于 100℃ 的真空干燥箱中 12h 后得到 MOF-74（Mg）固态电解质膜［Na/MOF-74（Mg）］。将电解质膜 Na/MOF-74（Mg）用模具切成直径为 16mm 的圆形薄片，并保存在充满氩气的手套箱中等待进一步测试。

6.2　MOF-74（Mg）基材料的结构及形貌表征

6.2.1　MOF-74（Mg）基材料的 XRD 分析

图 6-1 为用 Mg^{2+} 为金属活性中心 MOF-74（Mg）的 XRD 图谱，从图 6-1 中可以看出，溶剂热法合成的 MOF-74（Mg）的 X 射线衍射谱与 MOF-74（Mg）的标准卡片衍射峰一致，且主要衍射峰出现在 2θ 约等于 6.8°和 11.7°处，分别对应（210）和（300）晶面，其余主要衍射峰在 $2\theta = 17.3°$、21.9°、24.8°、25.6°、27.4°、31.4°和 42°

处，证实成功合成了 MOF-74（Mg）。

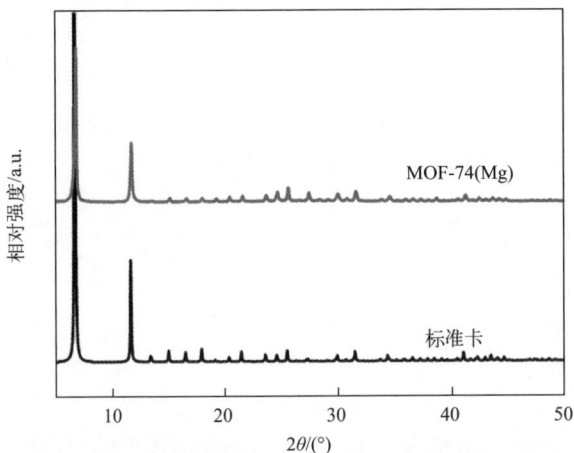

图 6-1　MOF-74（Mg）的 XRD 测试及其标准卡片

6.2.2　MOF-74（Mg）基材料的 BET 分析

在标准温度与压力下对 MOF-74（Mg）进行 N_2 吸脱附测试，如图 6-2 所示。从图中可以看出，MOF-74（Mg）的比表面积为 99.965m^2/g，孔容积为 0.0033cm^3/g，其中 MOF-74（Mg）的孔道以微孔为主，孔径主要分布在 1.426nm 处。MOFs 的高比表面积主要归因于其高孔隙率，较大的孔径与孔容积，以上优势有利于钠盐的负载。需要说明的是在 $NaClO_4$ 中，Na^+ 和 ClO_4^- 离子半径分别为 0.102nm 和 0.261nm，这说明 MOF-74（Mg）的孔道中完全能够容纳 Na^+，且 Na^+ 在孔道内可以自由移动。

6.2.3　MOF-74（Mg）基材料的 FT-IR 分析

图 6-3 为 MOF-74（Mg）和电解质膜 Na/MOF-74（Mg）的红外光谱图。图 6-3（a）中，1590cm^{-1} 处为 2,5-二羟基对苯二甲酸中的 C＝O 键的吸收峰，吸收峰相比正常 C＝O 键发生了位移，这是由

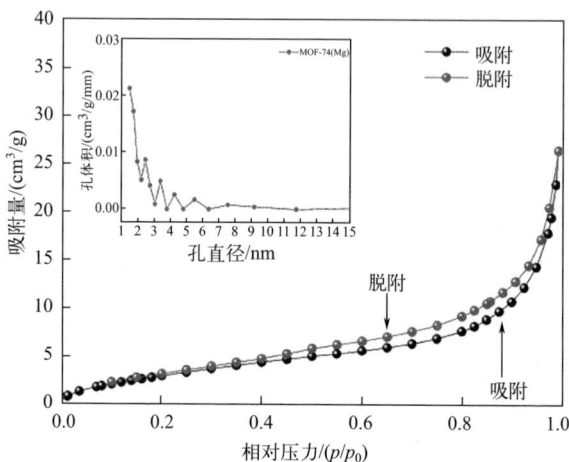

图 6-2 MOF-74（Mg）的 N_2 吸脱附曲线及孔径分布图

于在 MOF-74（Mg）的合成中苯环与苯环通过 C＝O 相连形成了共轭体系，致使原来的双键略有伸长，最终导致吸收频率向低波数方向移动；1420cm^{-1} 和 1366cm^{-1} 的吸收峰分别为芳环的 C＝C 双键峰和苯环的骨架振动峰；1206cm^{-1} 和 1115cm^{-1} 处分别为苯环的 C—H 和 C—O 单键的伸缩振动峰；890cm^{-1} 和 819cm^{-1} 处的峰为苯环面外弯曲振动与环弯曲振动峰；在 586cm^{-1} 和 486cm^{-1} 处的两个吸收峰对应于 Mg—O 振动。以上分析表明 MOF-74 成功合成，此结果与

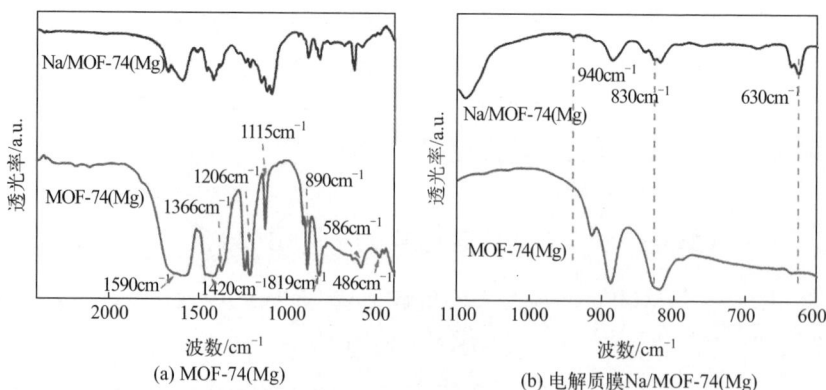

图 6-3 FT-IR 测试

XRD 相吻合。由图 6-3（b）可以看出，在 $630cm^{-1}$、$830cm^{-1}$ 和 $940cm^{-1}$ 处新出现的吸收峰为 $Mg(ClO_4)_2$，说明 Mg^{2+} 金属活性中心解离了 $NaClO_4$，锚定了 ClO_4^-，此过程产生了参与离子传导的 Na^+。

6.2.4　MOF-74（Mg）基材料的 XPS 分析

利用 XPS 研究了不同元素在样品表面的化学状态。如图 6-4（a）所示，$1304.48eV$ 的特征峰属于 Mg 1s。图 6-4（b）可以看出，C 1s 的 3 个拟合峰分别位于 $284eV$、$286eV$ 和 $288eV$ 处，分别归属于 $C{=\!=}C$、$C{-\!\!-}O$ 和 $C{=\!=}O$ 键。图 6-4（c）中，$531eV$ 和 $532eV$ 处的两个特征峰分别对应有机配体中的 $C{=\!=}O$ 和 $C{-\!\!-}O$ 键。对电解质膜 Na/MOF-74（Mg）进行 XPS 分析，如图 6-4（d）所示，Cl $2p_{1/2}$ 谱由 $206cm^{-1}$ 到 $212cm^{-1}$ 由两个峰组成，分别为 $NaClO_4$（$210.18eV$）和 $Mg(ClO_4)_2$（$208.28eV$）。能够观察到 $Mg(ClO_4)_2$ 的峰面积大于 $NaClO_4$ 的峰面积，这表明大部分 $NaClO_4$ 在 MOF-74 中与 Mg^{2+} 金属活性中心发生了反应，在热处理后最终转化为 $Mg(ClO_4)_2$。因此，可以得到结论，$NaClO_4$ 中阴离子被锚定在 MOF-74（Mg）的开放金属位点上，游离的 Na^+ 留在 MOF-74（Mg）的孔道内部。此外，Mg^{2+} 不仅能够起到解离钠盐锚定阴离子的作用，被锚定的阴离子还为游离的 Na^+ 提供了传输的路径。图 6-4（e）为 MOF-74（Mg）材料与电解质膜 Na/MOF-74（Mg）的全谱图，在电解质膜 Na/MOF-74（Mg）的全谱图中出现的新峰归属于 Na 1s 谱，说明 $NaClO_4$ 成功负载入 MOF-74（Mg）孔道中。

6.2.5　MOF-74（Mg）基材料的 SEM 分析

利用 SEM 对 MOF-74（Mg）及电解质膜 Na/MOF-74（Mg）的形貌进行分析，从图 6-5（a）MOF-74（Mg）粉末材料的 SEM 图像中可以看出，MOF-74（Mg）形貌棱边清晰，具有较大的颗粒尺寸（$3\sim5um$），说明所合成的 MOF-74（Mg）具有良好的晶体结构，有

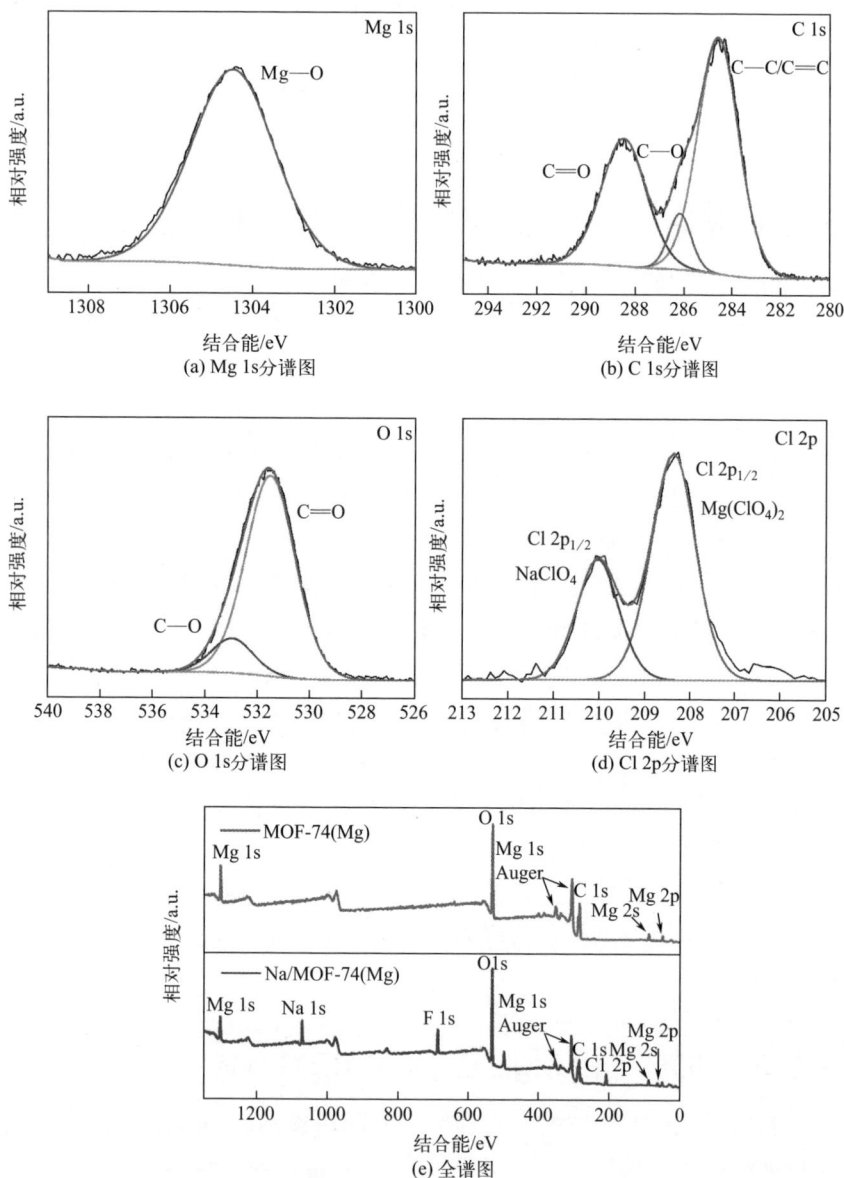

图 6-4　MOF-74（Mg）基材料的 XPS 测试（见彩插）

利于 NaClO$_4$ 的负载与 Na$^+$ 传输。将材料调浆、铺膜和干燥后形成的固态电解质膜如图 6-5（b）所示，可见电解质膜 Na/MOF-74（Mg）表面光滑平整，说明有自支撑的性质，并且能够轻易地从培养皿中揭下，这说明电解质膜 Na/MOF-74（Mg）有一定的机械强度，能够很好地抑制钠枝晶。从图 6-5（c）中可以看出电解质膜 Na/MOF-74（Mg）具有很好的柔性，能够轻易地弯曲，这有助于改善电极与固态电解质之间的接触问题，有效地降低界面电阻。电解质膜表面也没有观察到 NaClO$_4$ 晶体析出，说明 NaClO$_4$ 完全进入 MOF 孔道内。固态电解质在电池中还肩负着传递离子，形成完整回路的作用，这不仅要求固态电解质能够传递 Na$^+$，还起着隔断正负极材料，防止电池短路的作用，因此需要电解质膜 Na/MOF-74（Mg）是致密的，从图 6-5（d）可以看出，电解质膜 Na/MOF-74（Mg）表面致密性良好。

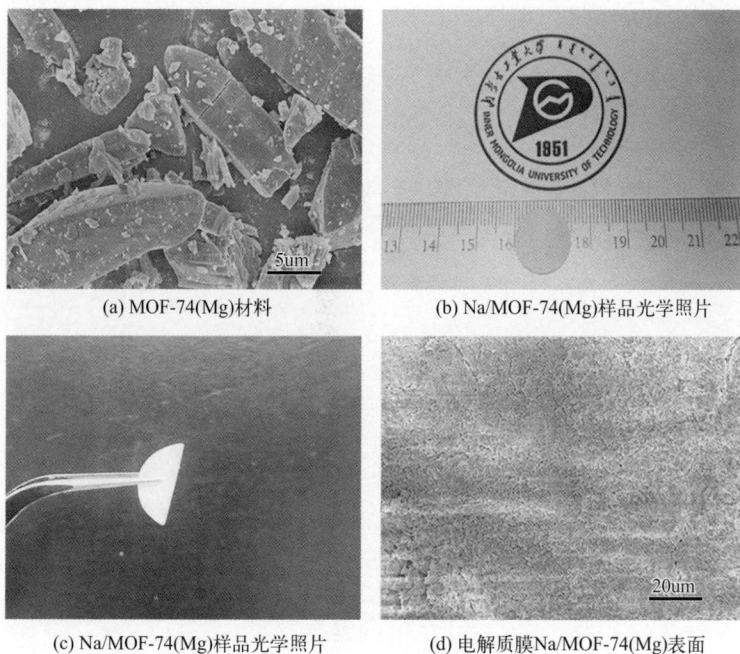

(a) MOF-74(Mg)材料

(b) Na/MOF-74(Mg)样品光学照片

(c) Na/MOF-74(Mg)样品光学照片

(d) 电解质膜Na/MOF-74(Mg)表面

图 6-5　MOF-74（Mg）基材料的 SEM 图

电解质膜 Na/MOF-74（Mg）的宏观样品和微观表面的 SEM 图表明满足钠离子电池工作的物理条件。

6.2.6 MOF-74（Mg）基材料的 TG 分析

图 6-6 为在 30～800℃的温度范围内 MOF-74（Mg）材料的 TG 测试曲线。从 TG 曲线可以看出材料在 0～130℃范围内，随着温度的升高材料的质量快速降低，说明材料孔道内溶剂（如无水甲醇）和水的去除。130～180℃范围内为 DMF 溶剂的脱除，表明 MOF-74（Mg）对 DMF 溶剂的吸附力较强，这归因于 Mg^{2+} 金属活性中心位点对 DMF 的吸附。180～380℃范围内质量下降是由未反应的配体等杂质分解引起的。380℃时 MOF-74（Mg）框架开始分解，表明 MOF-74（Mg）材料具有良好的热稳定性，可耐受 350℃的高温。

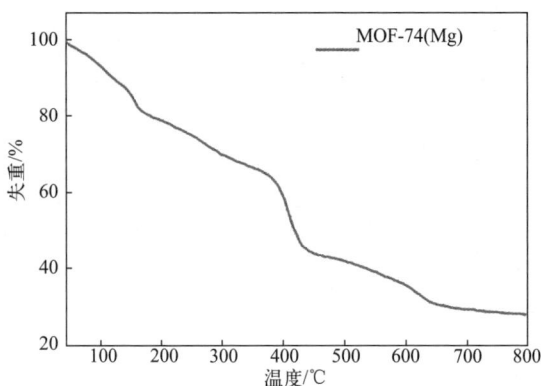

图 6-6 MOF-74（Mg）的 TG 测试

6.3 MOF-74（Mg）基电解质膜的电化学性能测试

6.3.1 Na/MOF-74（Mg）电解质膜的离子电导率分析

了解了 MOF-74（Mg）材料的物理化学性质后，为了验证电解质膜 Na/MOF-74（Mg）在钠离子电池中的可行性，对其电化学性能进行了深入分析。首先，研究电解质的离子导电性，在 25～70℃ 的温度范围内进行了电化学阻抗谱测试。根据图 6-7（a）阻抗图谱可以看出，电解质膜 Na/MOF-74（Mg）的阻抗随着温度的升高而减小，这是因为温度升高促进了 Na^+ 迁移，提高了离子电导率。电解质膜 Na/MOF-74（Mg）的离子电导率与温度呈线性关系，符合典型的阿伦尼乌斯行为。图 6-7（b）中为电解质膜 Na/MOF-74（Mg）的阿伦尼乌斯图。根据式（2-1）计算，得到相应温度下的离子电导率。室温下电解质膜 Na/MOF-74（Mg）的离子电导率为 3.48×10^{-4} S/cm，70℃ 时离子电导率达到 8.53×10^{-4} S/cm。图 6-7（a）中的直线由黑色方块拟合而出，由直线线性关系的斜率和截距计算出电解质膜 Na/MOF-74（Mg）的活化能为 0.083eV。由计算结果可知，电解质膜 Na/MOF-74（Mg）具有较高的离子电导率和低活化能，可以用于钠离子电池。

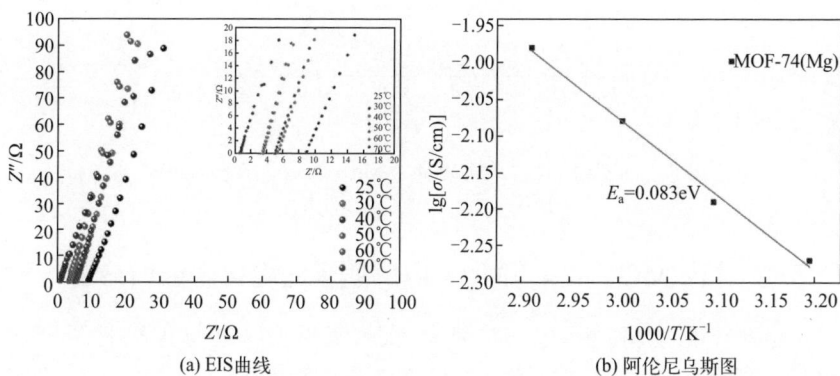

图 6-7　电解质膜 Na/MOF-74（Mg）的交流阻抗图谱和阿伦尼乌斯图（见彩插）

6.3.2　Na/MOF-74（Mg）电解质膜的离子迁移数分析

电池在工作时，离子迁移数是考察全部离子传输能力的参数。为了证明钠离子电池工作时是 Na^+ 起到主要作用，需要对电解质膜 Na/MOF-74（Mg）组成的电池中的 Na^+ 迁移能力进行分析。室温下，组装对称钠电池 Na｜Na/MOF-74（Mg）｜Na，对所测对称电池施加一个 10mV 的恒定电压，极化时间为 6000s，通过稳态极化法测试电解质膜 Na/MOF-74（Mg）的离子迁移数（t_{Na^+}）。图 6-8 为直流极化曲线与极化前后阻抗图，通过数据拟合和式（2-2）计算出电解质膜 Na/MOF-74（Mg）的 Na$^+$ 迁移数为 0.58，表明 Na｜Na/MOF-74（Mg）｜Na 主要是通过 Na$^+$ 导电的。

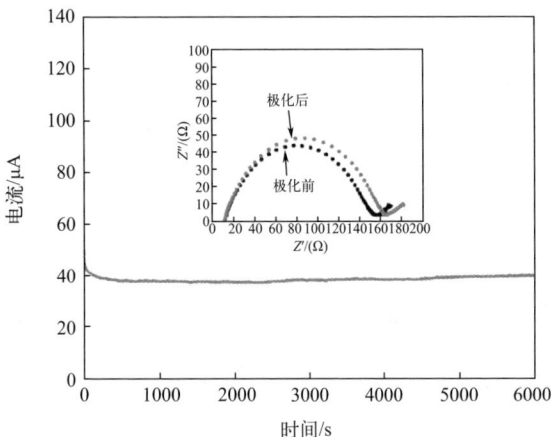

图 6-8　电解质膜 Na/MOF-74（Mg）的 Na$^+$ 迁移数测试

6.3.3　Na/MOF-74（Mg）电解质膜的电化学窗口分析

电化学稳定窗口不仅与电池能量密度相关，还与正极材料密切相关，较宽的电化学窗口能够匹配高电压正极材料。室温下组装半阻塞电池（不锈钢片｜Na/MOF-74（Mg）｜Na），并对电池进行 LSV 测试，扫描速度为 1mV/s。从图 6-9 可知，从零点位开始正相扫描，直到扫描电位达到 4.3V 时，图 6-9 出现一个明显的拐点，出现了电流的响应信号，这表明电解质 Na/MOF-74（Mg）在 4.3V 电压后开始分解。由此推断，电解质膜 Na/MOF-74（Mg）电化学稳定窗口范围为 1.0～4.3V，足够匹配正极材料，表明电解质膜 Na/MOF-74（Mg）可以用于钠离子电池。

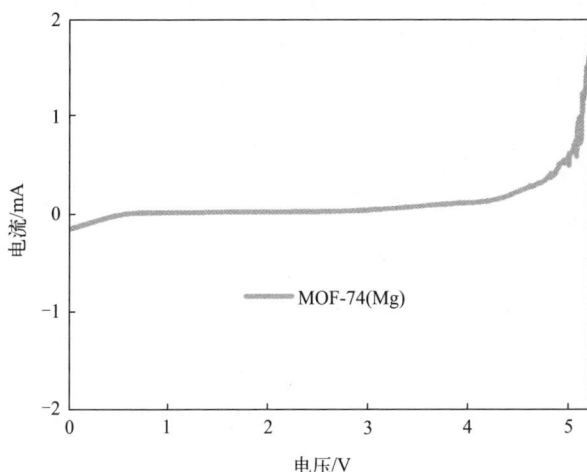

图 6-9　电解质膜 Na/MOF-74（Mg）LSV 测试

6.3.4　Na/MOF-74（Mg）电解质膜对钠稳定性分析

钠金属在充放电过程中会逐渐生成大量类似树枝一样的晶体即钠枝晶，钠枝晶极易刺穿正负极间的电解质，造成短路；钠枝晶还容易形成难以再次循环的"死钠"，影响电池的使用寿命。通过组装 Na | Na/MOF-74（Mg）| Na 对称电池进行剥离电镀循环测试。图 6-10（a）、（b）分别为在电流密度 $0.1mA/cm^2$ 与 $0.5mA/cm^2$ 下电解质对金属钠的剥离和电镀行为，分别循环了 60h 和 160h，在电流密度 $0.1mA/cm^2$ 下极化电压为 5mV，且长时间地保持稳定无明显变化，在电流密度 $0.5mA/cm^2$ 下极化电压增大并稳定到 50mV，是因为电流密度的增大引起电压波动。在电流密度 $0.5mA/cm^2$ 时循环 80h 后极化电压稍有增大后维持稳定，可能为外部环境变化所致。在电流密度 $0.1mA/cm^2$ 与 $0.5mA/cm^2$ 下，较长时间地循环均没有产生剧烈的波动和短路现象，显示了较为稳定的循环性能，这表明在较低和较高的电流密度下电解质膜 Na/MOF-74（Mg）与金属钠电极保持良好的界面稳定性。由此可知：金属钠可以稳定地在电解质膜 Na/

MOF-74（Mg）中剥离和嵌入，表明电解质膜 Na/MOF-74（Mg）可以抑制金属钠在剥离和嵌入过程中的枝晶生长，保护电池内部不发生电池短路，提高了电池的安全性能。

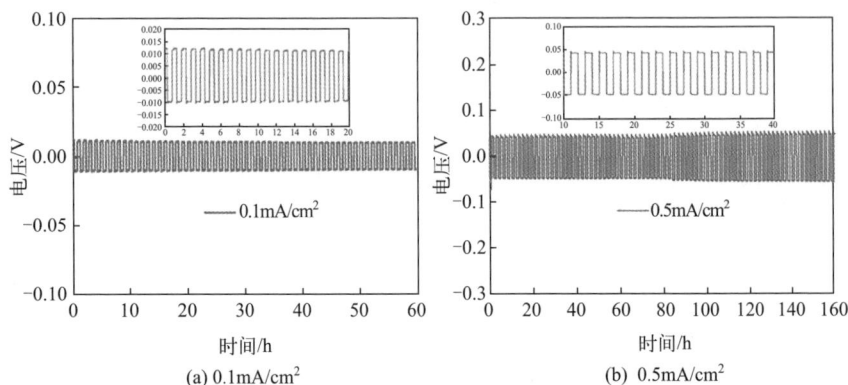

(a) 0.1mA/cm²

(b) 0.5mA/cm²

图 6-10　电解质膜 Na/MOF-74（Mg）在对称钠电池中的剥离电镀行为

6.3.5　Na/MOF-74（Mg）电解质膜的循环稳定性及倍率性能分析

通过组装 $Na_3V_2(PO_4)_3$｜Na/MOF-74（Mg）｜Na 电池来验证 MOF-74（Mg）在钠离子电池中长期运行的可行性。由图 6-11（a）所示，$Na_3V_2(PO_4)_3$｜Na/MOF-74（Mg）｜Na 电池在 1C 下的长循环，初始充电比容量达到 61.86mA·h/g，放电比容量达到 59.66mA·h/g，充放电效率为 96.44%；经 100 圈循环后，充电比容量为 50.39mA·h/g，放电比容量为 48.54mA·h/g，容量保持率为初始值的 81%，表明 $Na_3V_2(PO_4)_3$｜Na/MOF-74（Mg）｜Na 电池具有较好的循环稳定性。图 6-11（b）为 $Na_3V_2(PO_4)_3$｜Na/MOF-74（Mg）｜Na 电池在 0.2C 下的长循环，初始充电比容量达到 104mA·h/g，放电比容量达到 91mA·h/g，充放电效率为 88%。经 67 圈循环后，充电比容量达到 66mA·h/g，放电比容量为 64mA·h/g，容量保持率为 63.4%。比容量衰减较快，可能是因为 Na$^+$ 在固态电解质中长时间迁移和在电极材料中的插脱嵌导致材料结构崩塌，影响了电池比容量。图 6-11（c）为在不同倍率 0.2C、0.5C、1C、2C 和 0.2C 下充电比容量分别为 108.56mA·h/g、75.56mA·h/g、51.21mA·h/g、19.86mA·h/g 和 99.61mA·h/g，放电比容量为 100.40mA·h/g、75.17mA·h/g、50.17mA·h/g、19.23mA·h/g 和 94.55mA·h/g，在 2C 循环 10 圈后，返回 0.2C 后放电比容量仍能恢复至 94.55mA·h/g，表明电池具有良好的可逆性。

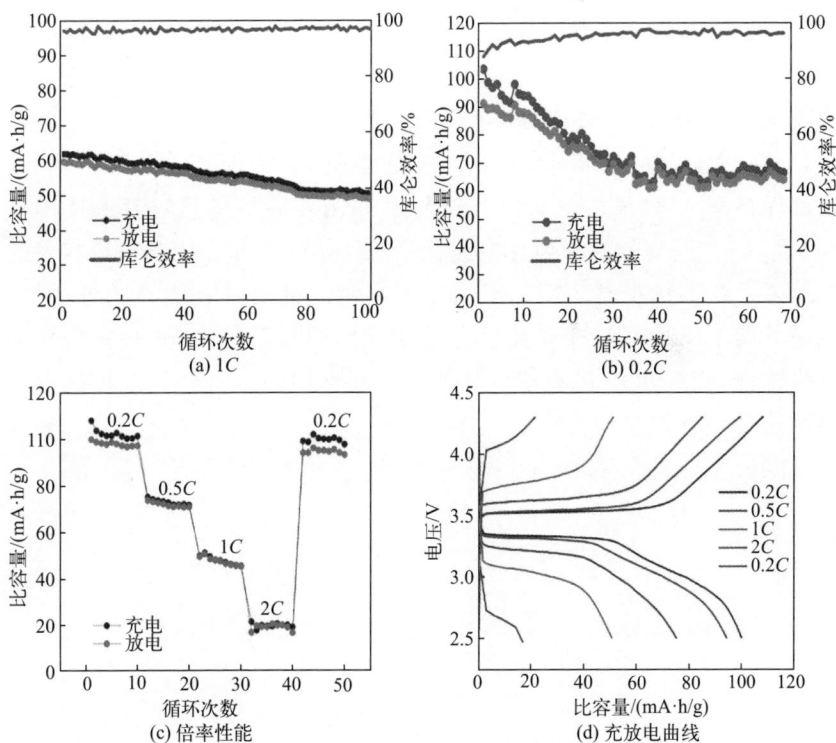

图 6-11　Na$_3$V$_2$(PO$_4$)$_3$｜Na/MOF-74(Mg)｜Na 电池在

不同倍率下的恒电流充放电曲线（见彩插）

小结

① 采用溶剂热法合成 MOF-74（Mg）材料，负载 $NaClO_4$ 制备电解质膜 Na/MOF-74（Mg），通过 XRD、FT-IR 和 XPS 等表征证明材料合成成功。

② 得益于 MOF-74（Mg）有序的孔结构和较大的颗粒尺寸有利于 $NaClO_4$ 的负载，电解质膜 Na/MOF-74（Mg）在室温下离子电导率达到 $3.48 \times 10^{-4} S/cm$，离子迁移数为 0.58，电化学稳定窗口范围为 1～4.3V，能够满足钠离子电池的工作条件。基于电解质膜 Na/MOF-74（Mg）良好的柔性与致密度，Na｜Na/MOF-74（Mg）｜Na 对称电池能够在 $0.1mA/cm^2$ 和 $0.5mA/cm^2$ 的电流密度下稳定运行，表明电解质膜 Na/MOF-74（Mg）和金属钠电极有优异的界面稳定性。$Na_3V_2(PO_4)_3$｜Na/MOF-74（Mg）｜Na 电池在 1C 下循环 100 圈循环后，容量保持率为 81%。在 0.2C 下经 67 圈循环后，虽然容量保持率仅有 63.4%，但其初始充电比容量高达 $104mA \cdot h/g$，达到理论容量的 88.4%。在高倍率循环后仍能恢复比容量，说明具有优异的可逆性。但是其离子电导率与迁移数没有达到预期的水平，MOF 具有优异的可修饰性，对 MOF 的有机配体或金属活性中心进行修饰来提高电化学性能是很有前途的方向。

第7章　双配体MOF-74（Mg）基电解质在固态钠离子电池中的应用

　　MOFs 可以固定负载在孔道内的钠盐阴离子，只允许钠离子在孔道内移动，实现单离子传导，有效避免电池内部的浓差极化，进而提高电池的使用寿命与安全性。可以通过引入更多的钠盐以及利用 MOFs 孔道中开放的金属位点进行配位，以增加游离 Na^+ 浓度的方式来提高 Na/MOF-74（Mg）电解质膜的离子电导率和 Na^+ 迁移数。在上一章节中已经证明了 Na/MOF-74（Mg）电解质膜在钠离子电池中具有优异的钠离子传输能力。本章旨在利用 MOF-74（Mg）化学成分的多样性以及其潜在的有机和无机二级建筑单元的连通性，从有机配体角度对 MOF-74（Mg）进行改性，以扩大孔径、比表面积和孔容积的方式来提高 Na/MOF-74（Mg）电解质膜孔道中 $NaClO_4$ 负载量，有效提高其电化学性能。

　　研究表明，MOF-74（Mg）可以使用较长的（例如联苯、对三联苯、萘和蒽）或较短的（例如对苯二甲酸和二羟基对苯二甲酸）有机连接体进行扩展，在不改变框架结构的前提下，扩大 MOF-74（Mg）的孔径、比表面积和孔容积。提高钠盐负载量能够改善固态电解质对 Na^+ 的传输能力，因此提高 Na/MOF-74（Mg）电解质膜的电化学性能可以从如下方面考虑：

　　① 原始配体上连接一个有机配体，扩大 MOF-74（Mg）比表面积，调整孔径和孔容积，使 Na/MOF-74（Mg）孔道内能够容纳更多 $NaClO_4$，提升孔道中 Na^+ 含量，提高电化学性能。

　　② 复合配体也会由于其结构上缺乏—OH 导致额外开放金属位点暴露，可以解离更多的钠盐，提高参与离子传导的 Na^+ 离子浓度，提高离子传输效率。

　　③ 配体复合量影响骨架稳定性，复合过多缺乏—OH 的配体会形成过多开放金属位点，在晶体生长过程中破坏框架结构，因此合适的配体复合量可以维持框架稳定并有助于电化学性能的提高。本章使用对苯二甲酸（H_2BDC）作为第二种配体对 MOF-74（Mg）进行修饰，探究复合不同量有机配体对 Na/MOF-74（Mg）电解质膜孔结构、稳定性和电化学性能的影响。

7.1 双配体 MOF-74（Mg）基电解质膜的制备

7.1.1 双配体 MOF-74（Mg）的制备

称取六水合硝酸镁（0.5692g，2.22mmol）和不同配比的 2,5-二羟基对苯二甲酸及对苯二甲酸溶于 60mL 的 15:1:1（体积比）的 N,N-二甲基甲酰胺/乙醇/水的混合溶液中，金属盐与有机配体的摩尔比为 3.31:1，将悬浮液混合并超声波处理，直至均匀。将反应溶液放入聚四氟乙烯内衬不锈钢高压釜中，将其置于 125℃鼓风干燥箱中反应 24h。待降至室温后，将得到的材料用无水甲醇洗涤 3 次，最后在 150℃真空干燥下脱除溶剂 6h，得到深黄色晶体 BMOFs-X（X 为 BDC，其含量为 2,5-二羟基对苯二甲酸 10%、20%、30%）材料。表 7-1 是由不同摩尔比配体合成的 BMOFs-X。

表 7-1　由不同摩尔比配体合成的 BMOFs-X

摩尔比（0.6707mmol）		MOFs 命名
H₄DOBDC	BDC	
90%	10%	BMOF-1
80%	20%	BMOF-2
70%	30%	BMOF-3

7.1.2 Na/双配体 MOF-74（Mg）的制备

将上述实验得到的 BMOF-1、BMOF-2 和 BMOF-3 材料分别与高氯酸钠（NaClO₄）按照质量比 1:1 在 N,N-二甲基甲酰胺溶剂中进行混合，搅拌 12h 使 NaClO₄ 充分进入孔道中，分别得到负载 NaClO₄ 的 Na/BMOF-1、Na/BMOF-2 和 Na/BMOF-3。

7.1.3 Na/双配体 MOF-74（Mg）电解质膜的制备

将上述所得的 Na/BMOF-1、Na/BMOF-2 和 Na/BMOF-3 材料

分别与黏结剂聚偏二氟乙烯（PVDF）按照质量比 3∶1 进行混合，继续搅拌 12h，调成浆料。将搅拌均匀的浆料倒入培养皿铺平，将其置于 100℃ 的真空干燥箱中 12h 后得到 Na/BMOF-1、Na/BMOF-2 和 Na/BMOF-3 电解质膜。将电解质膜用模具切成直径为 16mm 的圆形薄片，并保存在充满氩气的手套箱中等待进一步测试。

7.2　双配体 MOF-74（Mg）材料的结构及形貌表征

7.2.1　双配体 MOF-74（Mg）的 XRD 分析

本章在 MOF-74（Mg）框架上连接了不同量的有机配体对苯二甲酸（H_2BDC）合成 BMOFs-X，对新合成材料的晶进行研究分析。如图 7-1 所示，BMOFs-X 的两个衍射峰与 MOF-74（Mg）一致，均出现在 $2\theta=6.8°$ 和 $11.7°$ 处，表明将 H_2BDC 复合在 MOF-74（Mg）不会影响晶体结构。随着 H_2BDC 复合量增加，衍射峰反射的强度降低。

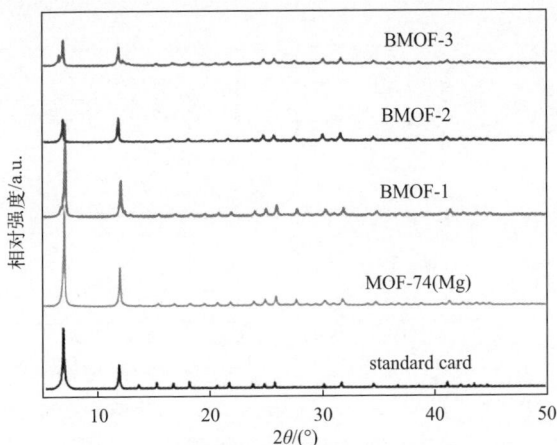

图 7-1　BMOFs 的 XRD 测试及其标准卡片

7.2.2　双配体 MOF-74（Mg）及 Na/双配体 MOF-74（Mg）电解质膜的 FT-IR 分析

用 FT-IR 分析 H_2BDC 复合前后的 MOFs 结构，由图 7-2（a）可

以看出，在 $1590cm^{-1}$、$1420cm^{-1}$、$1366cm^{-1}$、$1210cm^{-1}$、$1115cm^{-1}$ 和 $819cm^{-1}$ 处显示峰值，代表 C=O、C=C、C—H 和 C—O 等基团，且并未观察到谱带偏移。在 $1025cm^{-1}$ 处新吸收峰出现，属于无水甲醇，随着 H_2BDC 复合量的增加而更加尖锐。虽然将材料加热到无水甲醇的沸点温度（60℃），但材料中仍存在无水甲醇，这表明溶剂分子与结构强烈的相互作用，特别是与 Mg^{2+} 金属活性中心的相互作用，证明材料中 Mg^{2+} 金属活性中心位点的增加，这有利于提供更多 Na^+ 传输位点，能够有效降低 Na^+ 传输的能垒。在图 7-2（b）的 $630cm^{-1}$、$830cm^{-1}$ 和 $970cm^{-1}$ 处的吸收峰属于 $Mg(ClO_4)_2$，其中电解质膜 Na/BMOF-2 的 $Mg(ClO_4)_2$ 吸收峰强度最强，Na/BMOF-3 次之，Na/MOF-74（Mg）最弱，表明在四种材料中电解质膜 Na/BMOF-2 孔道中有最多的 Mg^{2+} 金属活性中心参与了 $NaClO_4$ 的解离，这将会产生最多游离的 Na^+，可提供最多参与离子传导的 Na^+，有利于提高 Na^+ 的传输效率，使电解质膜 Na/BMOF-2 获得较优的电化学性能。

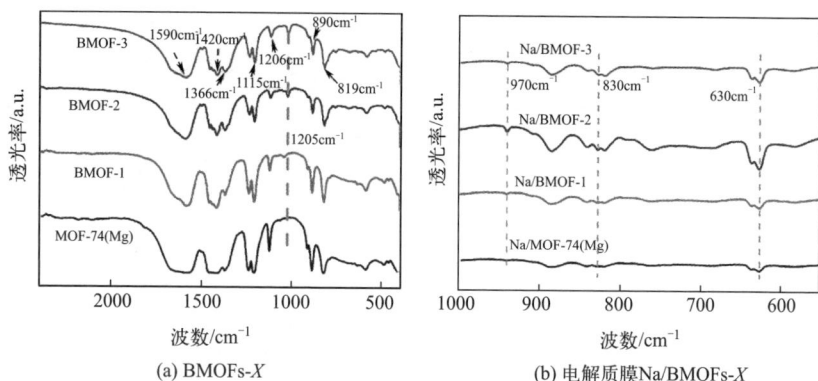

(a) BMOFs-X　(b) 电解质膜Na/BMOFs-X

图 7-2　FT-IR 测试

7.2.3　双配体 MOF-74（Mg）的 BET 分析

通过标准温度与压力下 N_2 吸脱附测试实验确定了所制备双配体

BMOFs-X 的孔隙率。比表面积分别为 175.405m^2/g、210.015m^2/g 和 222.403m^2/g ［图 7-3（a）、（c）］，较 MOF-74（Mg）有明显的增加，这有利于提高 NaClO$_4$ 负载量。BMOFs-X 的孔径由微孔扩展为介孔，表明复合 H$_2$BDC 达到了扩展孔结构的目的，BMOFs-X 的孔径分别分布在 2.169nm、3.789nm 和 3.805nm 处，随着 BDC 复合量的增加，比表面积和孔径呈扩大趋势。但当 H$_2$BDC 复合量增加到 30% 时扩大不明显，这可能是因为复合过多的 H$_2$BDC 不利于结构的稳定性，这与孔容积的扩大趋势一致，如图 7-3（d）所示，孔径由 MOF-74（Mg）的 0.0033m^3/g 扩大到 BMOF-2 的 0.059m^3/g，但当 H$_2$BDC 的复合量为 30% 时，孔容积为 0.054m^3/g 不增反降，孔径

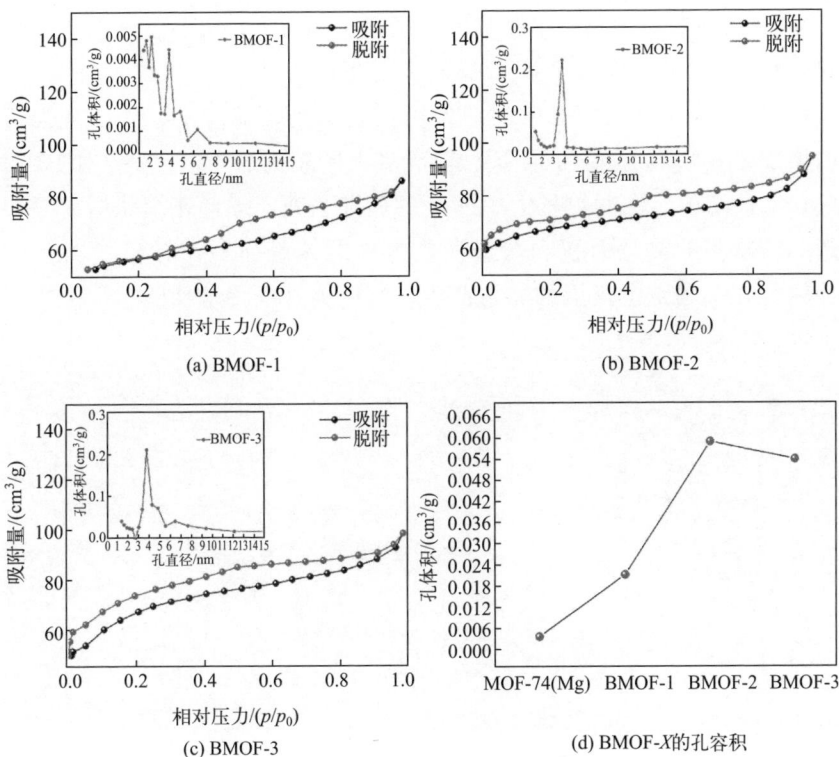

(a) BMOF-1

(b) BMOF-2

(c) BMOF-3

(d) BMOF-X的孔容积

图 7-3　BET 测试及孔容积（见彩插）

略微增大，这是因为孔结构有一定的坍塌导致的这种现象，这将会阻碍 Na$^+$ 的传输，影响 Na/BMOF-3 电解质膜的电化学性能。BMOF-1、BMOF-2 和 BMOF-3 孔容积扩大了一个数量级，较大的孔结构能够提高 NaClO$_4^-$ 的负载量，改善电化学性能。同时能够促进 Na$^+$ 均匀沉积在金属钠电极上，改善电解质与电极材料的界面稳定性，有利于提高固态钠离子电池的循环性能。

7.2.4 双配体 MOF-74（Mg）的 SEM 分析

用 SEM 观察了复合有机配体 H$_2$BDC 后 MOF-74（Mg）的形貌。图 7-4（b）、（d）和（f）为 H$_2$BDC 复合量为 10%、20% 和 30% 的晶体形貌 SEM 图像，复合后的形貌发生了很大的改变，由条状转变为球形花簇状，与 XRD 峰强度逐渐降低表明形貌发生转变一致。由图 7-4（a）、（c）和（e）的 SEM 的图像可以观察到，随着 H$_2$BDC 复合量的增加，花簇状形貌的晶体逐渐增多，形貌的转变扩大了 MOF-74（Mg）孔结构，同时也扩大了 Na$^+$ 的储存空间，球形花簇状增大了相近晶体之间的接触面积和与金属钠电极的接触面积，有利于 Na$^+$ 的传输与在金属钠电极上的均匀沉积，进而提升电化学性能。

图 7-4　BMOFs-X 的 SEM 图

[图（a）、（b）BMOF-1；图（c）、（d）BMOF-2；图（e）、（f）BMOF-3]

7.2.5　双配体 MOF-74（Mg）和 Na/双配体 MOF-74（Mg）电解质膜的 XPS 分析

　　如图 7-5（a）所示，1304eV 的特征峰属于 Mg 1s。在图 7-5（b）中，O 1s 图谱 533.33eV 和 531.48eV 处的拟合峰属于 C═O 和 C─O。图 7-5（c）中，C 1s 图谱 288.33eV、284.18eV 和 284.43eV 分别属

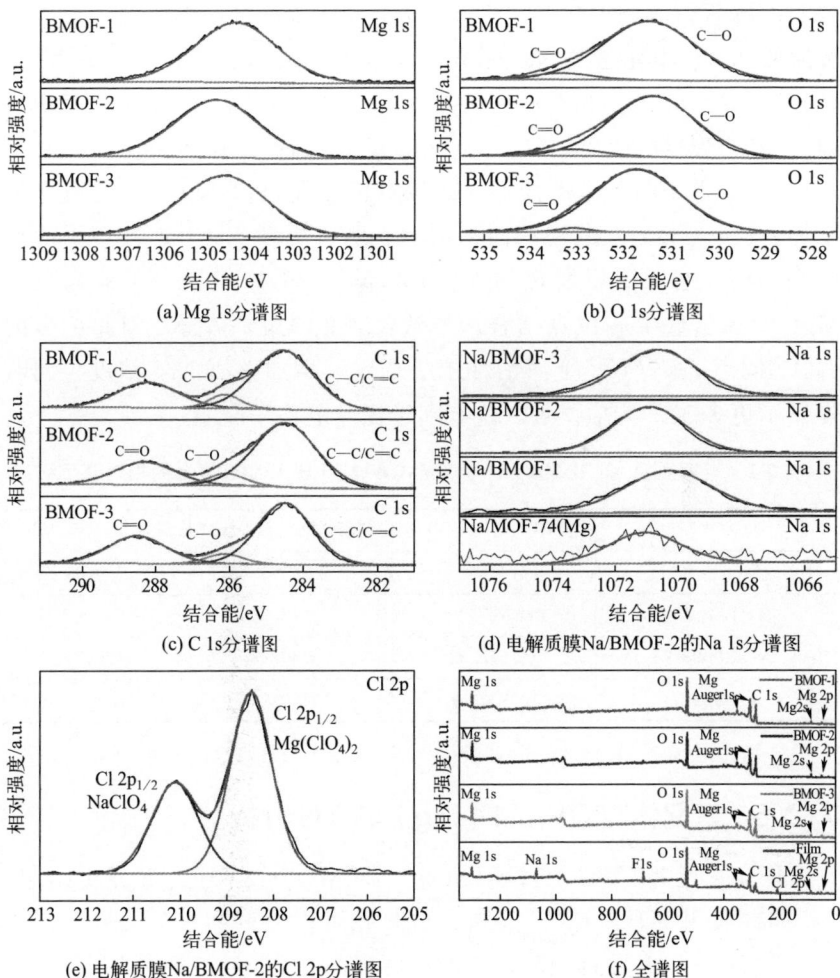

(a) Mg 1s分谱图

(b) O 1s分谱图

(c) C 1s分谱图

(d) 电解质膜Na/BMOF-2的Na 1s分谱图

(e) 电解质膜Na/BMOF-2的Cl 2p分谱图

(f) 全谱图

图 7-5　BMO Fs-X 的 XPS 测试（见彩插）

于 C═O、C—O 和 C═C 的拟合峰。图 7-5（d）中 Na 1s 的峰位置位于 1071eV 处，属于 $NaClO_4$。对电解质膜 Na/BMOFs-X（X＝10％、20％、30％）与 Na/MOF-74（Mg）的 Na 1s 图谱拟合峰面积进行比较，表 7-2 为电解质膜 Na/BMOFs-X 与 Na/MOF-74（Mg）XPS 拟合的相对峰面积。从表 7-2 可以看出电解质膜 Na/BMOF-2 峰面积最大，较电解质膜 Na/MOF-74（Mg）拟合峰面积扩大了 3 倍，表明电解质膜 Na/BMOF-2 孔道内 $NaClO_4$ 负载量最多。接下来用电解质膜 Na/BMOF-2 与 Na/MOF-74（Mg）做对比，Cl 2p 图谱中 $Mg(ClO_4)_2$ 和 $NaClO_4$ 相对峰面积如表 7-2，$Mg(ClO_4)_2$ 相对峰面积由 9419.15 扩大到 12724.83，$NaClO_4$ 相对峰面积由 2088.60 扩大到 5714.95，也说明了电解质膜 Na/BMOF-2 孔道内 $NaClO_4$ 有明显的增加，$Mg(ClO_4)_2$ 相对峰面积增加表明有更多 $NaClO_4$ 被金属活性中心解离，这归因于复合的 H_2BDC 缺少—OH 基团，不能完全与 Mg^{2+} 金属活性中心位点结合，导致额外的 Mg^{2+} 暴露，因此更多的 ClO_4^- 阴离子被 Mg^{2+} 金属活性中心锚定，增加游离 Na^+ 浓度，同时提供了更多 Na^+ 传输位点，这有利于提高电化学性能。

表 7-2 电解质膜 Na/BMOFs-X 与 Na/MOF-74（Mg）XPS 拟合的相对峰面积

电解质膜	$NaClO_4$（Na 1s）	$Mg(ClO_4)_2$（Cl 2p）	$NaClO_4$（Cl 2p）
Na/MOF-74（Mg）	5196.12	1195.16	759.80
Na/BMOF-1	66767.89	10718.34	2740.01
Na/BMOF-2	161578.33	36740.58	10969.62
Na/BMOF-3	100992.91	19410.75	3991.45

7.2.6 双配体 MOF-74（Mg）的 TG 分析

图 7-6 比较了 MOF-74（Mg）与 BMOFs-X 的热重分析结果，TG 曲线表明室温～130℃ 范围为材料孔道内溶剂和水的去除。值得注意的是，DMF 溶剂脱除结束的温度提高为 250℃，表明 BMOFs-X 对 DMF 溶剂有更强的吸附能力，这归因于 BMOFs-X 孔道内额外暴

露的 Mg^{2+} 金属活性中心对 DMF 溶剂的吸附作用。250～560℃为未反应配体分解所引起。560℃后，MOFs 框架开始分解。H_2BDC 复合量为 30% 时，材料热稳定性明显下降，这是由于随着 BDC 配体投料量增多，MOF-74（Mg）孔道扩大，导致暴露了过多的 Mg^{2+} 金属活性位点，最终破坏 MOF-74（Mg）结构的稳定性。这与 BET 结果一致。在应用于固态钠离子电池时，易堵塞孔道，阻碍 Na^+ 离子传输，影响电化学性能。

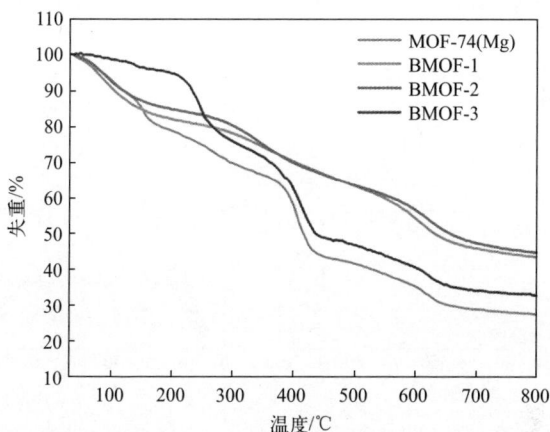

图 7-6　MOF-74（Mg）、BMOF-1、BMOF-2 和 BMOF-3 的 TG 测试（见彩插）

7.3　双配体 MOF-74（Mg）基电解质膜的电化学性能测试

7.3.1　Na/双配体 MOF-74（Mg）电解质膜的离子电导率分析

FT-IR、BET 与 XPS 等表征证明，复合 H_2BDC 配体可有效增加 MOF-74（Mg）孔径、比表面积和孔容积，提升了 $NaClO_4$ 的负载量，通过离子电导率、离子迁移数、剥离电镀和循环稳定性等测试验证是否提高了电解质膜 Na/MOF-74（Mg）的电化学性能。

图 7-7（a）和（c）为在 25～70℃的温度范围内进行的交流阻抗

测试图谱，电解质膜 Na/BMOFs-X 的离子电导率随温度的升高而增大，其离子电导率与温度的关系符合阿伦尼乌斯方程。

室温下电解质膜 Na/BMOF-1、Na/BMOF-2 和 Na/BMOF-3 的离子电导率分别为 1.56×10^{-3} S/cm ［图 7-7（a）］、1.71×10^{-3} S/cm ［图 7-7（b）］ 和 1.06×10^{-3} S/cm ［图 7-7（c）］，电解质膜 Na/BMOF-2 的离子电导率最高，电解质膜 BMOFs-X 的离子电导率均优于电解质膜 Na/MOF-74（Mg）（3.48×10^{-4} S/cm）。离子电导率最优的电解质膜 Na/BMOF-2 的活化能为 0.073eV，低于电解质膜

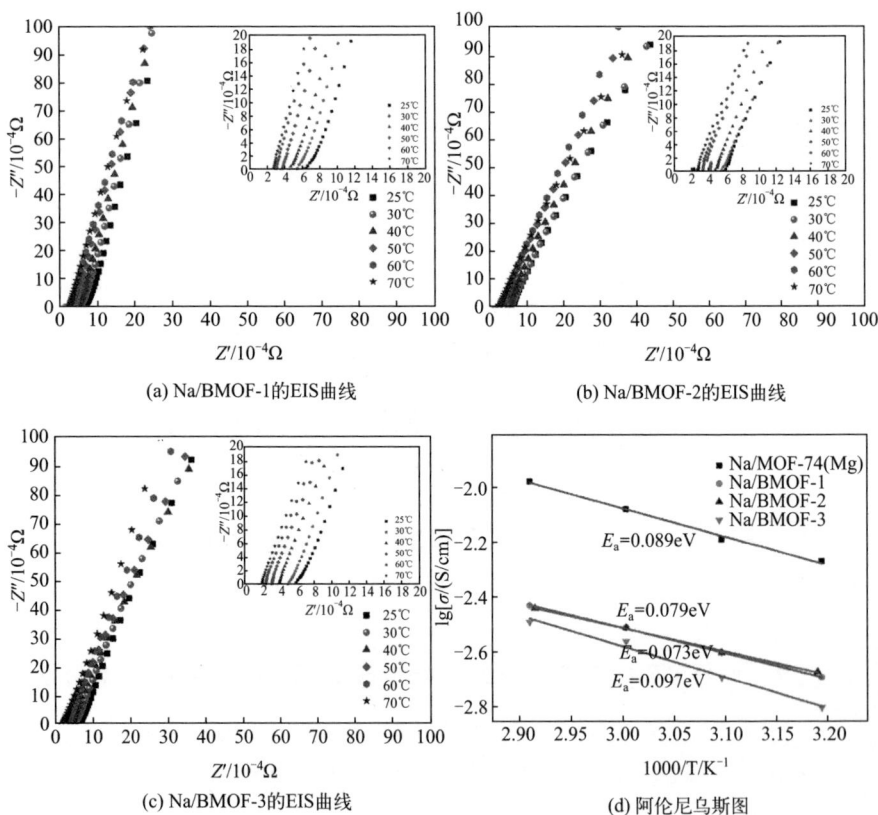

(a) Na/BMOF-1的EIS曲线

(b) Na/BMOF-2的EIS曲线

(c) Na/BMOF-3的EIS曲线

(d) 阿伦尼乌斯图

图 7-7　电解质膜 Na/BMOFs-X 的 EIS 测试及阿伦尼乌斯图（见彩插）

Na/MOF-74（Mg）的 0.089eV，进一步降低了 Na$^+$ 迁移能垒。70℃时电解质膜 Na/BMOF-1、Na/BMOF-2 和 Na/BMOF-3 的离子电导率分别为 3.09×10^{-3} S/cm、3.75×10^{-3} S/cm 和 3.23×10^{-3} S/cm。测试结果表明，复合 H_2BDC 后 MOF-74（Mg）的离子电导率明显提升。其中，电解质膜 Na/BMOF-2 离子电导率最优，归因于其孔道内负载 NaClO$_4$ 量最高，表明提高孔道内 NaClO$_4$ 负载量能有效提高离子电导率。

7.3.2 Na/双配体 MOF-74（Mg）电解质膜的离子迁移数及电化学窗口分析

由图 7-8（d）所示电解质膜 Na/BMOF-1、Na/BMOF-2、Na/BMOF-3 的循环稳定电压范围为 1~4.4V、1~4.3V 和 1~4.0V，当 H_2BDC 复合量为 30% 时电化学窗口范围明显缩小，是因为 H_2BDC 复合量较大导致框架不稳定，在较高电压下易坍塌造成的。三种 H_2BDC 复合量的电解质膜都获得了较宽电化学窗口，足够匹配正极材料，表明三种复合量的电解质膜均可以用于固态钠离子电池。电解质膜 Na/BMOF-1、Na/BMOF-2 和 Na/BMOF-3 的 Na$^+$ 迁移数分别为 0.71 [图 7-8(a)]、0.88 [图 7-8(b)] 和 0.45 [图 7-8(c)]，Na$^+$ 迁移数在电化学窗口近乎不变的情况下较电解质膜 Na/MOF-74（Mg）有明显的提高，电解质膜 Na/BMOF-1 和 Na/BMOF-2 离子迁移数的提高归因于孔道内 NaClO$_4$ 负载量的提高。由电解质膜的 FT-IR 图谱 [图 7-2(b)] 与 XPS 的 Na 1s 图谱 [图 7-5(d)] 可知，Na/BMOF-3 孔道内 NaClO$_4$ 的负载量仅次于 Na/BMOF-2，由于其框架稳定性较差导致孔结构易崩塌（图 7-6），阻碍了 Na$^+$ 的迁移，离子电导率、电化学窗口和 Na$^+$ 迁移数均下降，但仍能说明复合 H_2BDC 后电解质膜 Na/MOF-74（Mg）的 Na$^+$ 迁移数有显著提升。

7.3.3 Na/双配体 MOF-74（Mg）电解质膜的对钠稳定性分析

由于电解质膜 Na/BMOF-2 具有高离子电导率与高 Na$^+$ 迁移数，

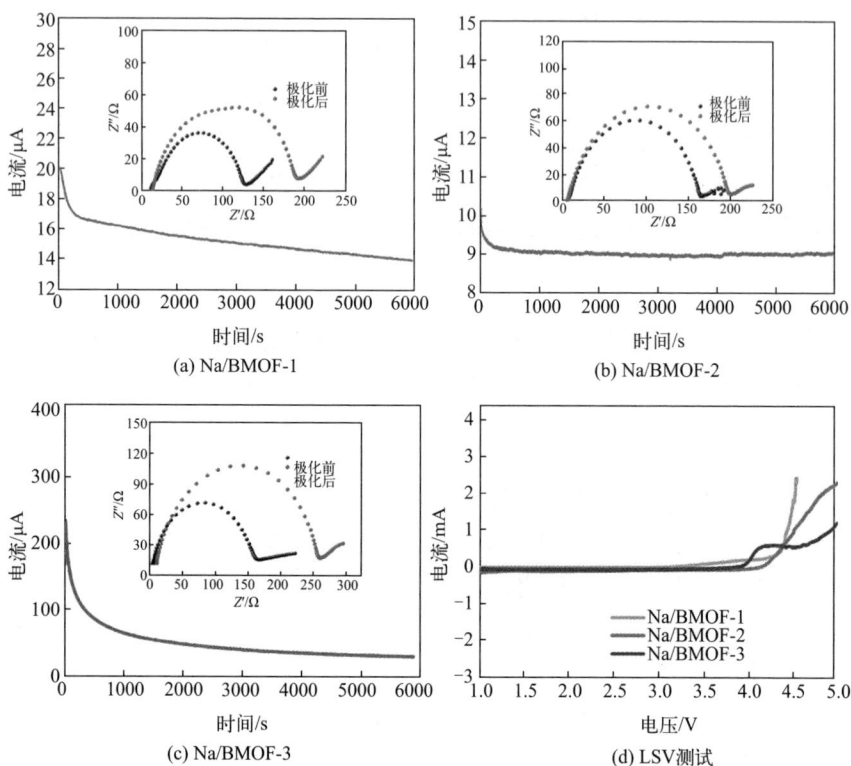

(a) Na/BMOF-1

(b) Na/BMOF-2

(c) Na/BMOF-3

(d) LSV测试

图 7-8　电解质膜 Na/BMOFs-X 的 Na$^+$ 迁移数和 LSV 测试（见彩插）

因此选择电解质膜 Na/BMOF-2 进行下一步测试。组装 Na｜Na/BM-OF-2｜Na 对称电池评估电解质膜 Na/BMOF-2 与金属钠电极之间的相容性。图 7-9（a）是对称电池在电流密度为 $0.1mA/cm^2$ 时的电压随时间变化曲线图，如图所示对称电池运行良好，电压曲线稳定并保持 200h 无明显变化，极化电压由电解质膜 Na/BMOF-74（Mg）的 50mV 减小到了 0.8mV，表明电解质膜 Na/BMOF-2 与金属钠电极具有更优异的界面稳定性，这是因为复合 H$_2$BDC 后 MOF-74（Mg）晶体结构转变为球形花簇状，增加了与金属钠电极的接触面积，有利于金属钠的剥离与电镀行为，扩大的孔结构为 Na$^+$ 的均匀沉积提供了便利条件。如图 7-9（b）所示，电流密度进一步增加到了 $0.5mA/cm^2$，对称电池的极化电压仍然很小，仅增长到了 1.0mV，并能够稳定循环 100h 无短路现象，这表明 BMOFs-X 不仅保持了对钠枝晶的抑制作用与安全性能，还提高了与金属钠电极界面稳定性，有利于提高电化学循环稳定性能。

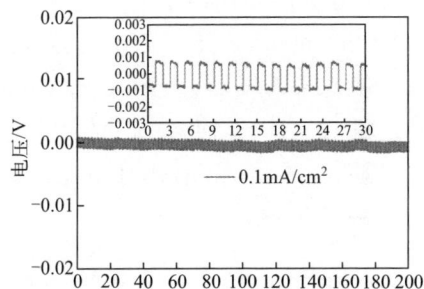

(a) 0.1mA/cm²

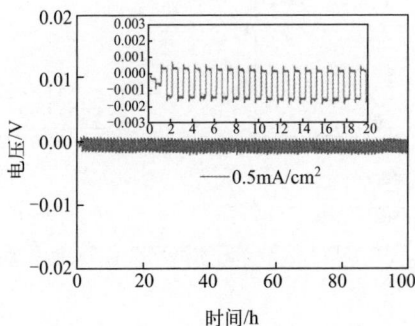

(b) 0.5mA/cm²

图 7-9　电解质膜 Na/BMOF-2 在对称钠电池中的剥离电镀行为

7.3.4　Na/BMOF-2 电解质膜的循环稳定性及倍率性能分析

如图 7-10（a）所示，$Na_3V_2(PO_4)_3$｜Na/BMOF-2｜Na 电池在 0.2C 下初始充电比容量达到 112.7mA·h/g，为理论容量的 95.8%，放电比容量达到 94.26mA·h/g，充放电效率为 83.63%，循环圈数

增加到了 90 圈，90 圈后充电比容量达到 74.25mA·h/g，放电比容量为 71.34mA·h/g，容量保持率为 63.3%，初始充放电及 90 圈循环后的充放电比容量均优于电解质膜 Na/MOF-74（Mg）组装的固态钠离子电池，这归因于电解质膜孔道内 $NaClO_4$ 负载量的提高，增加了孔道内 Na^+ 浓度，提升了固态钠离子电池比容量。如图 7-10（b），在 0.2C、0.5C、1C、2C 和 0.2C 下，放电比容量为 108.56mA·h/g、83.59mA·h/g、57.61mA·h/g、19.18mA·h/g、97.53mA·h/g，即使在 2C 下循环 10 圈，返回 0.2C 时，放电比容量仍能恢复到 97.53mA·h/g，用电解质膜 Na/BMOF-2 组装的固态钠离子电池的倍率性能也优于 Na/MOF-74。

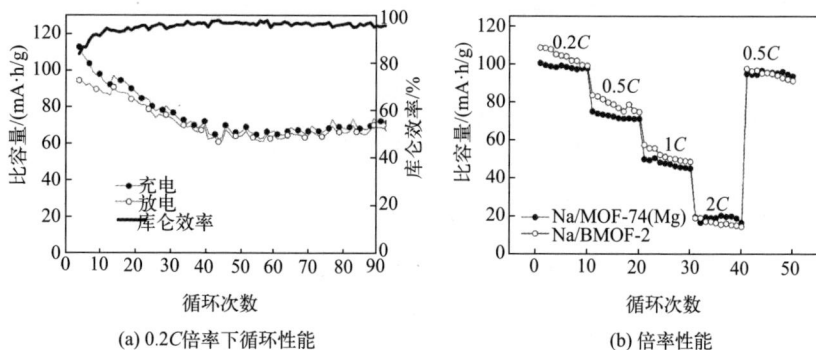

(a) 0.2C倍率下循环性能   (b) 倍率性能

图 7-10 $Na_3V_2(PO_4)_3$｜Na/BMOF-2｜Na 电池充放电性能

小结

① 通过溶剂热法将不同摩尔比的对苯二甲酸（H_2BDC）与 MOF-74（Mg）进行复合，负载 $NaClO_4$ 制备电解质膜 Na/BMOFs-X。通过 XRD、FT-IR 和 XPS 表征手段证明材料合成成功。

② BET 证明复合 H_2BDC 后 MOF-74（Mg）的孔径、比表面积和孔容积都有明显的扩大。电解质膜 Na/BMOF-2 的 FT-IR 谱 Mg $(ClO_4)_2$ 的吸收峰与 XPS 的 Na 1s 都证明 $NaClO_4$ 负载量的提高，有利于电化学性能的提高。

③ 得益于 $NaClO_4$ 负载量的提高，电解质膜 Na/BMOFs-X 在室温下离子电导率分别达到 1.56×10^{-3} S/cm、1.71×10^{-3} S/cm，和 1.06×10^{-3} S/cm，优于 Na/MOF-74 (Mg) （3.48×10^{-4} S/cm），电解质膜 Na/BMOF-2 的 Na^+ 迁移数更是提升至 0.88。在 0.1mA/cm^2 和 0.5mA/cm^2 的电流密度下，极化电压下降到 1mV 并能长时间稳定循环。$Na_3V_2(PO_4)_3$ | Na/BMOF-2 | Na 电池在 0.2C 下循环性能较电解质膜 Na/MOF-74 (Mg) 有明显的提升，首次充电能量密度达到 112.7mA·h/g，达到理论容量的 95.8%，循环圈数增加至 90 圈。在 2C 倍率下循环 10 圈后，在 0.2C 下仍能恢复 90% 的比容量，电解质膜 Na/BMOF-2 电化学性能优于 Na/MOF-74 (Mg)。

第 8 章　双金属MOF-74（Mg/Cu）基电解质在固态钠离子电池中的应用

MOF-74 由二价金属氧化物链通过配体连接而成，在第 7 章是通过对配体的改性，扩大了孔径、增加比表面积和孔容积，提高了 MOF-74（Mg）孔道内的钠盐负载量，进而提升了电化学性能。目前，有 Zn、Cu、Ni、Co、Mn、Fe 和 Mg 等金属离子先后被用作 MOFs 材料的金属节点，且有研究表明：当 MOFs 的金属节点为双金属时框架仍保持稳定。因此，本章通过将异金属离子掺入框架节点的改性方法对 MOF-74 的金属活性中心密度进行提升，利用两金属活性中心的协同作用提高材料本征离子电导率与离子迁移数。

本章选取 Cu^{2+} 采用溶剂热法对 MOF-74（Mg）进行掺杂改性，制备含有 Mg-Cu 双金属活性中心的 MOF-74 材料。掺杂 Cu^{2+} 金属和调节 Cu^{2+} 金属的掺杂量能够改善固态电解质的电化学性能，进而提高 MOF-74（Mg）固态电池的电化学性能。其性能提升的主要原因如下：

① 在温度较低（80℃）时，Cu^{2+} 比 Mg^{2+} 具有更强的接收配体中配位原子氧提供的孤对电子的能力，能先一步形成比 Mg—O 键〔MOF-74（Mg）〕更稳定的 Cu—O 键〔MOF-74（Cu）〕，可显著提升 MOF-74（Mg）的稳定性。

② 双金属同时存在更多的 Lewis 酸性位点，可提高金属活性中心的密度，解离更多的钠盐，增加 Na^+ 浓度，从而提高了 MOF-74 基电解质的离子电导率。

③ 在形成 Cu—O 键时，Cu^{2+} 的配位过程受到 Jahn-Teller 效应的干扰，其中部分 Cu—O 键会被延长，不利于双金属框架晶体的生长，因此适宜的 Cu^{2+} 掺杂量有利于结构的稳定与电化学性能的提高。本章使用 Cu^{2+} 作为异金属节点对 MOF-74（Mg）掺杂，探究 Cu^{2+} 掺杂对 MOF-74（Mg）离子电导率及离子迁移数的影响。

8.1 双金属 MOF-74（Mg/Cu）基电解质膜的制备

8.1.1 MOF-74（Mg/Cu）的制备

本文采用溶剂热法合成 CMOFs-X（C ＝Cu^{2+}，X＝Cu^{2+} 掺杂量 10％、20％、30％）材料。表 8-1 表示由不同 Mg^{2+}/Cu^{2+} 摩尔比合成的 CMOFs-X。称取不同量的六水合硝酸镁 [Mg(NO$_3$)$_2$·6H$_2$O] 和三水硝酸铜 [Cu(NO$_3$)$_2$·3H$_2$O] 与 2,5-二羟基对苯二甲酸（0.1331g、0.6707mmol）溶于 60mL 的 15∶1∶1（体积比）的 N, N-二甲基甲酰胺/乙醇/水的混合溶液中，将悬浮液超声处理至完全溶解。将反应溶液倒入聚四氟乙烯内衬不锈钢高压釜中，将其置于 125℃鼓风干燥箱中反应 24h。溶剂热反应后，将得到的材料用无水甲醇洗涤 3 次，最后在 150℃真空干燥下脱除溶剂 6h，得到活化后暴露金属活性中心的褐色晶体 CMOFs-X 材料。

表 8-1 由不同 Mg^{2+}/Cu^{2+} 摩尔比合成的 CMOFs-X

摩尔比(2.220mmol)		MOFs 命名
Mg(NO$_3$)$_2$·6H$_2$O	Cu(NO$_3$)$_2$·3H$_2$O	
90％	10％	CMOF-1
80％	20％	CMOF-2
70％	30％	CMOF-3
100％	0％	BMOF-2(第 7 章制备)

8.1.2 Na/MOF-74（Mg/Cu）的制备

将上述实验得到的 CMOF-1、CMOF-2 和 CMOF-3 材料与高氯酸钠（NaClO$_4$）按照质量比 1∶1 在 N,N-二甲基甲酰胺溶剂中进行混合，搅拌 12h 使 NaClO$_4$ 充分进入孔道中，分别得到负载 NaClO$_4$ 的 Na/CMOF-1、Na/CMOF-2 和 Na/CMOF-3。

8.1.3　Na/MOF-74（Mg/Cu）电解质膜的制备

将上述所得的 Na/CMOF-1、Na/CMOF-2 和 Na/CMOF-3 材料分别与黏结剂聚偏二氟乙烯（PVDF）按照质量比 3∶1 进行混合，继续搅拌 12h，调成浆料。将搅拌均匀的浆料倒入培养皿铺平，将其置于 100℃ 的真空干燥箱中 12h 后得到电解质膜 Na/CMOFs-X。将电解质膜 Na/CMOFs-X 用模具切成直径为 16mm 的圆形薄片，并保存在充满氩气的手套箱中等待进一步测试。

8.2　双金属 MOF-74(Mg/Cu)材料的结构及形貌表征

8.2.1　MOF-74（Mg/Cu）基材料的 XRD 分析

本章在 MOF-74（Mg）金属活性位点上掺杂不同量 Cu^{2+} 合成 CMOFs-X（C＝Cu^{2+}，X＝10%、20%、30%），对合成的 CMOFs-X 样品进行了 XRD 测试，以确定其晶相。如图 8-1 所示，MOF-74（Mg）与不同 Cu^{2+} 掺杂量的 CMOFs-X 的衍射峰位置一致，未出现

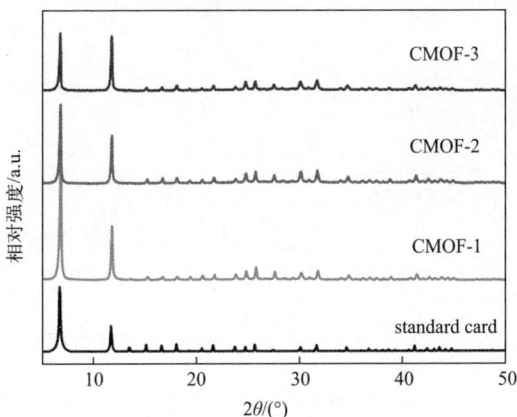

图 8-1　CMOFs-X 的 XRD 测试及其标准卡片

杂峰，表明 Cu^{2+} 的掺杂不影响 MOF-74（Mg）的晶体结构。CMOFs-X 特征峰尖锐，表明 CMOFs-X 材料结晶度高，结构完整，随着 Cu^{2+} 掺杂量增加，特征峰强度降低，这与异离子的掺杂有关。

8.2.2　MOF-74（Mg/Cu）基材料的 FT-IR 分析

用 FT-IR 检测了 MOF-74（Mg）和 CMOFs-X 的表面官能团，如图 8-2 所示。在 MOF-74（Mg）的 FT-IR 图谱中，$1580cm^{-1}$ 处附近的吸收峰为有机配体 2,5-二羟基对苯二甲酸中苯环的 C=O 键。$1420cm^{-1}$ 处的吸收峰为苯环框架的 C=C 振动。在 $1208cm^{-1}$ 处的吸收峰对应 C—H 的伸缩振动，而在 $890cm^{-1}$ 和 $819cm^{-1}$ 处的吸收峰归因于苯环 C—H 的弯曲振动。此外，在 $586cm^{-1}$ 和 $486cm^{-1}$ 处的两个吸收峰对应于 M—O（M=Mg 或者 Cu）振动。当 Cu^{2+} 掺杂量超过 10% 时，CMOFs-X 材料光谱中 $1629cm^{-1}$ 处出现新的吸收峰对应于 C=O，而在单金属 MOF-74（Mg）中消失。

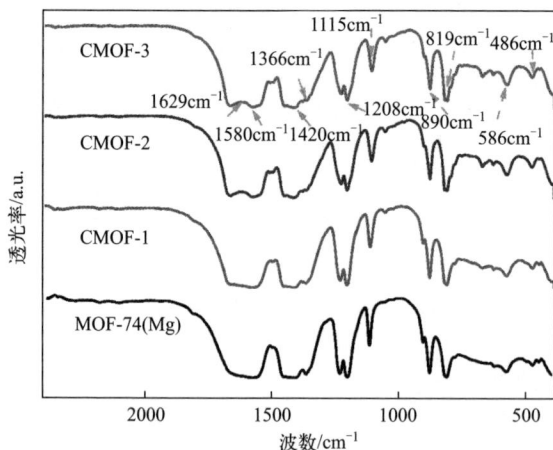

图 8-2　MOF-74（Mg）和 CMOFs-X 的 FT-IR 测试

图 8-3 中 $630cm^{-1}$、$830cm^{-1}$、$950cm^{-1}$ 处的吸收峰为 M$(ClO_4)_2$（M=Mg^{2+} 或 Cu^{2+}），表明 NaClO$_4$ 被金属活性中心解离，提供了参加传导的 Na$^+$。电解质膜 Na/CMOFs-X（X=10%、20%、

30％）中 Na/CMOF-2 的吸收峰最强与电解质膜 Na/BMOF-2 相近，表明当 Cu²⁺ 掺杂量为 20％时，有双金属活性中心的电解质膜 Na/CMOF-2 能够解离与电解质膜 Na/BMOF-2 相近浓度的 NaClO₄，归因于金属活性中心两金属的协同效应，Mg^{2+} 与 Cu^{2+} 同时参与了对 $NaClO_4$ 的解离，产生更多参与离子传导的 Na^+。此外，一个位点有两个金属中心锚定 ClO_4^-，也缩短了 Na^+ 传输位点距离，提高了 Na^+ 传输效率，有利于离子电导率与离子迁移数的提高。

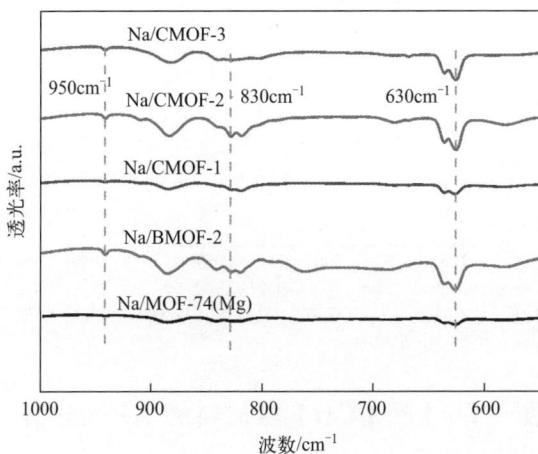

图 8-3　电解质膜 Na/BMOF-2 和 Na/CMOFs-X 的 FT-IR 测试

8.2.3　MOF-74（Mg/Cu）基材料的 TG 分析

　　图 8-4 为 MOF-74（Mg）、BMOF-2 和 CMOFs-X 材料的热重分析结果，考察了材料的热稳定性，了解它们在受热过程中的结构变化。在 130℃之前主要归因于吸附的水、气体分子和残留溶剂（如无水甲醇）的去除。对于 MOF-74（Mg）第二阶段失重变化发生在 130℃ 到 180℃ 之间，主要是 DMF 溶剂的脱除；而 BMOF-2 和 CMOFs-X 的分解温度提高至 180～250℃，这是由于 BMOF-2、CMOFs-X 有更多金属活性中心位点，对 DMF 溶剂有较强的吸附能力。250～560℃ 间质量缓慢下降是由未反应的配体等分解引起的；

380℃后 MOF-74（Mg）框架开始坍塌，BMOF-2、CMOFs-X 的骨架是在 560℃开始分解，这说明 CMOFs-X 材料的热稳定性有极大的提高，这归因于双金属的协同作用，将耐受最高温度由 380℃提高至 560℃，这有利于固态钠离子电池在较高温度下工作。

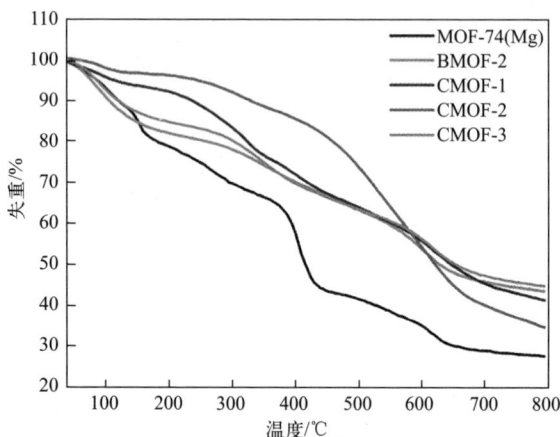

图 8-4　MOF-74（Mg）、BMOF-2、CMOFs-X 材料的 TG 测试（见彩插）

8.2.4　MOF-74（Mg/Cu）基材料的 XPS 分析

如图 8-5（a）所示，在 1304.50eV 处的特征峰归属于 Mg 1s，掺杂 Cu^{2+} 后峰位置轻微偏移，分别位于 1304.20eV、1304.15eV 和 1304.29eV 处，表明 Cu^{2+} 的成功掺入。如图 8-5（b）所示，Cu 2p 的 XPS 谱可以分为两类峰，分别是结合能为 935.1eV、933.1eV（$2p_{3/2}$）、955.0eV 和 953.9eV（$2p_{1/2}$）处的特征峰。每对峰中都有 Cu^{2+} 和 Cu^+，此外，在 Cu 2p 谱中还可以看到位于 940eV 和 961eV 处的卫星峰。图 8-5（c）为电解质膜 Na/MOF-74（Mg）、Na/BMOF-2 和 Na/CMOF-2 的 Na 1s 谱，相对峰面积分别为 5196.12、161578.33 和 67339.26，这说明孔道内钠盐含量负载量关系为电解质膜 Na/MOF-74（Mg）＜Na/CMOF-2＜Na/BMOF-2。由图 8-5（d）电解质膜 Na/CMOF-2 的 Cl 2p 谱中可以同时观察到 Mg（ClO_4）$_2$ 和 Cu（ClO_4）$_2$ 的拟合峰，图 8-5（e）电解质膜 Na/CMOF-2 的 Cu 2p 谱也有 Cu

$(ClO_4)_2$ 的拟合峰，再次表明 Cu^{2+} 金属活性中心起到了解离 $NaClO_4$、锚定 ClO_4^- 的作用，两金属离子的协同作用为 Na^+ 在孔道内的迁移提供了便利条件，有利于离子电导率与 Na^+ 迁移数的提高。

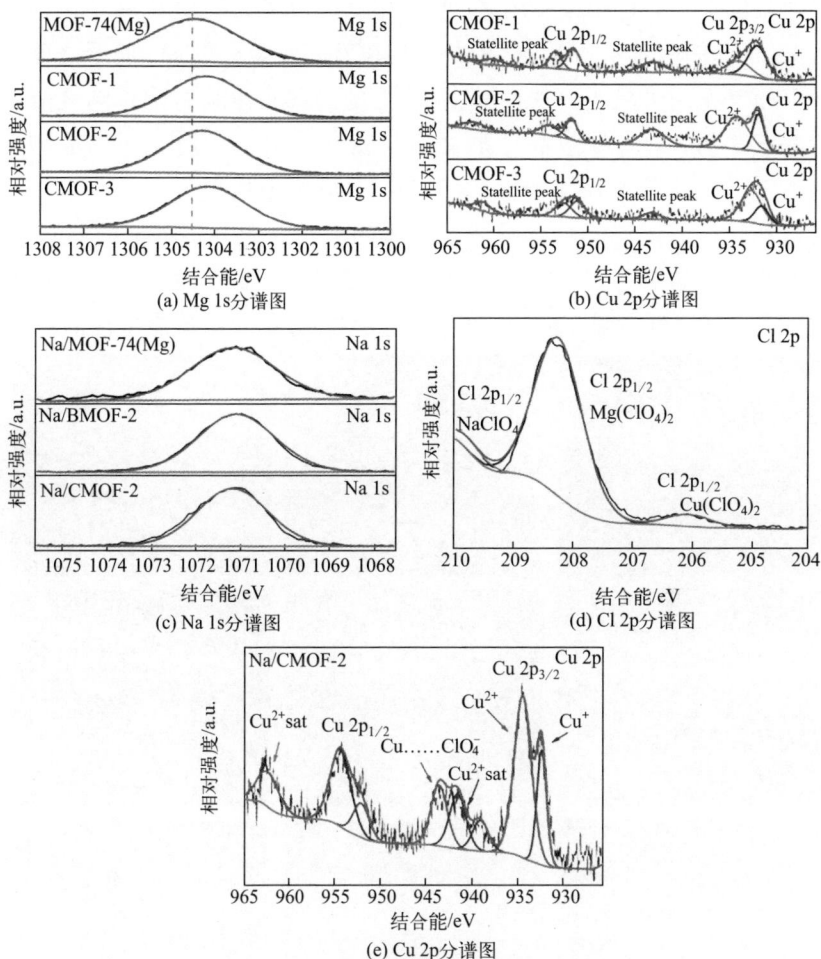

(a) Mg 1s分谱图

(b) Cu 2p分谱图

(c) Na 1s分谱图

(d) Cl 2p分谱图

(e) Cu 2p分谱图

图 8-5　CMOFs-X 的 XPS 测试（见彩插）

8.2.5　MOF-74（Mg/Cu）基材料的 SEM 分析

图 8-6（a）～（c）可以看出 CMOFs-X 由 MOF-74（Mg）条形

结构变成球形晶体结构，表现出比复合 BDC 后（BMOF-2）更加明显的片状晶体分支组成的花簇状，增大晶体颗粒之间的接触面积有利于 Na^+ 的传输，有利于提高离子电导率与离子迁移数。随着 Cu^{2+} 掺杂量的增加，CMOF-3 花簇结构由片状转变为针状花簇，这是因为 Cu—O 的键长比 Mg—O 的长，周围环境中 Cu^{2+} 与 O 原子之间的静电相互作用将减弱，从而减少 Cu^{2+} 的局部正电荷。配位畸变影响 CMOF-3 的合成，导致晶体形态发生变化。但由于两金属的晶型不同，Cu^{2+} 的配位过程受到 Jahn-Teller 效应的干扰，其中一个 Cu—O 键会被延长，不利于双金属框架晶体的生长。此外，过量的 Cu^{2+} 掺杂不利于结构的稳定，这将会导致由 CMOF-3 制备的电解质膜电化学性能有所降低。图 8-6（e）～（i）为 CMOF-2 材料的能量色散 X 射

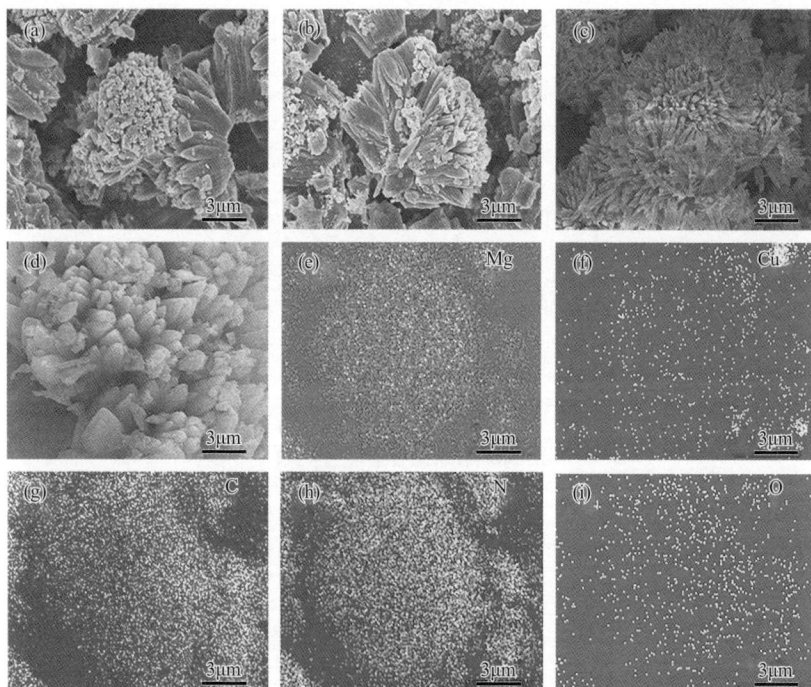

图 8-6　CMOFs-X（X＝10％、20％、30％）的 SEM 图（见彩插）
[图（a）CMOF-1；图（b）CMOF-2；图（c）CMOF-3 及 CMOF-2 材料的能谱图；
图（d）CMOF-2 材料所有元素的映射；图（e）Mg；图（f）Cu；图（g）C；
图（h）N；图（i）O 元素的 EDS 映射]

线光谱（EDS）映射图像，由图 8-6（e）、（f）的 Mg 与 Cu 元素的 EDS 图谱可以观察到 Mg 元素与 Cu 元素分布均匀，说明 Cu 元素成功掺入。表 8-2 为 CMOFs-X 的能谱面扫元素含量。由表 8-2 所示，对比 CMOFs-X 材料的 Mg 与 Cu 元素含量，随着 Cu^{2+} 掺杂量的增加，Cu 元素占比逐渐增大，表明 Cu^{2+} 如实验预期的一样，按比例成功掺入。

表 8-2　CMOFs-X 的能谱面扫元素含量

MOFs	元素含量				
	Mg	Cu	C	N	O
CMOF-1	16.78％	1.81％	37.20％	2.89％	41.32％
CMOF-2	12.64	2.08％	40.45％	3.99％	40.84％
CMOF-3	6.63％	5.40％	43.40％	7.44％	37.13％

8.3　双金属/MOF-74（Mg/Cu）基电解质膜的电化学性能测试

8.3.1　Na/MOF-74（Mg/Cu）电解质膜的离子电导率分析

图 8-7（a）～（c）为电解质膜 Na/CMOF-1、Na/CMOF-2 和 Na/CMOF-3 在 25～70℃的交流阻抗图谱，经式（2-1）计算得到室温下电解质膜 Na/CMOF-1、Na/CMOF-2 和 Na/CMOF-3 的离子电导率分别为 $3.08 \times 10^{-3} S/cm$、$3.18 \times 10^{-3} S/cm$ 和 $1.95 \times 10^{-3} S/cm$，电解质膜 Na/CMOF-2 的离子电导率最高并且优于 Na/BMOF-2（$1.71 \times 10^{-3} S/cm$）和 Na/MOF-74（Mg）（$3.48 \times 10^{-4} S/cm$），这归因于两金属活性中心的协同作用，都起到了解离 $NaClO_4$ 锚定 ClO_4^- 的作用，缩短了参与离子传导的 Na^+ 传输位点的距离，提高了 Na^+ 的传输效率，致使电解质膜 Na/CMOF-2 具有最低的活化能 0.030eV，电解质膜 Na/CMOF-1 和 Na/CMOF-2 的活化能为 0.032eV 和 0.036eV。

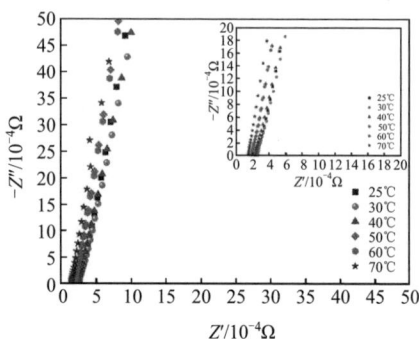

(a) Na/CMOF-1的EIS曲线

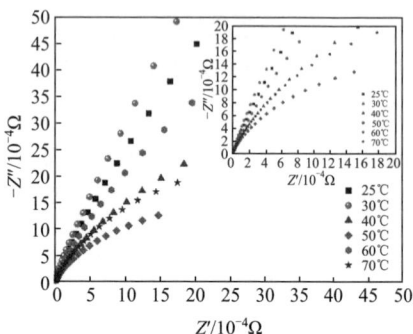

(b) Na/CMOF-2的EIS曲线

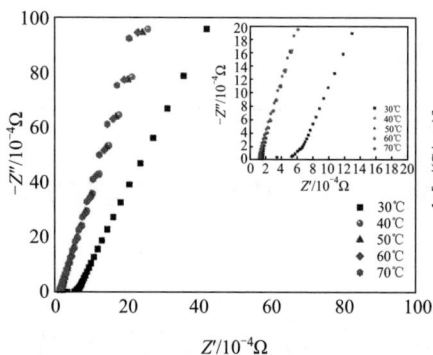

(c) Na/CMOF-3的EIS曲线

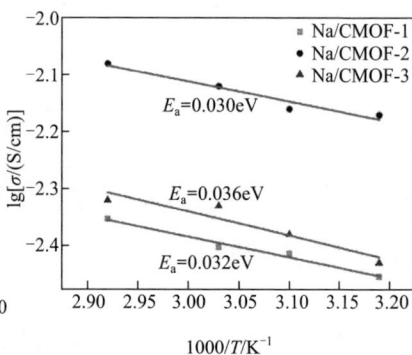

(d) 阿伦尼乌斯图

图 8-7　电解质膜 Na/CMOFs-X 的 EIS 测试及阿伦尼乌斯图（见彩插）

8.3.2　Na/MOF-74（Mg/Cu）电解质膜离子迁移数及电化学窗口分析

图 8-8（a）～（c）分别为电解质膜 Na/CMOF-1、Na/CMOF-2 和 Na/CMOF-3 极化电流和极化前后的交流阻抗图谱。由式（2-2）计算得到电解质膜的 Na^+ 迁移数分别为 0.77、0.86 和 0.71，电解质膜 Na/CMOF-2 最高的 Na^+ 迁移数与其最低的活化能相符。电解质膜 Na/CMOFs-X 的 Na^+ 迁移数较 Na/BMOFs-X 与未修饰的 Na/MOF-

74（Mg）高，这归因于双金属活性中心的协同作用，不仅为 Na$^+$ 的传输提供了便利条件，还增强了框架的稳定性。电解质膜 Na/CMOF-1、Na/CMOF-2 和 Na/CMOF-3 的电化学窗口范围分别为 1～4.3V、1～4.3V 和 1～4.0V 能够匹配高电压正极材料，表明电解质膜 Na/CMOFs-X 能够用于钠离子固态电池。

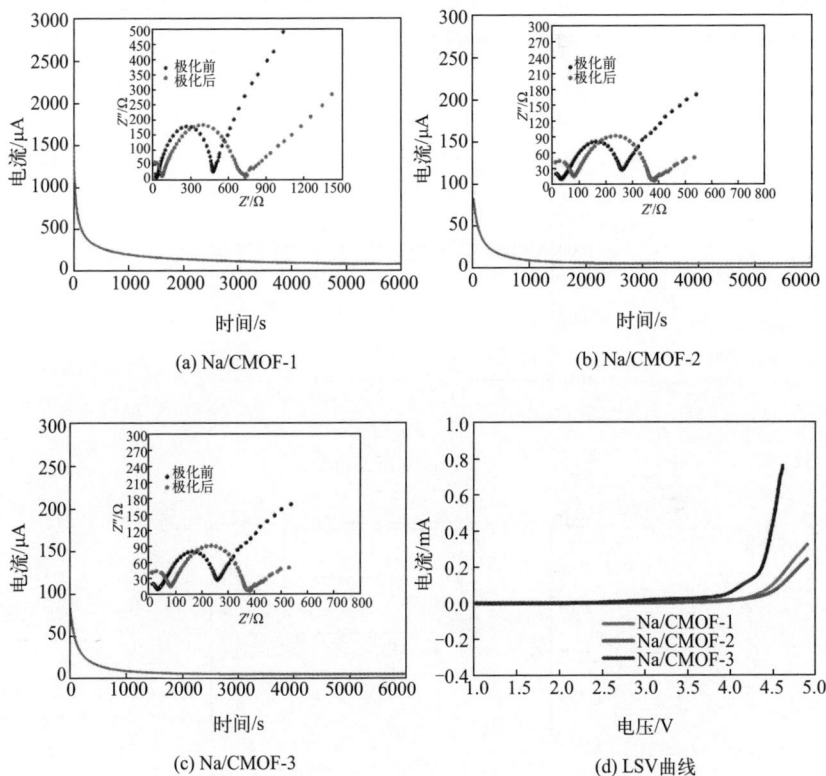

(a) Na/CMOF-1

(b) Na/CMOF-2

(c) Na/CMOF-3

(d) LSV曲线

图 8-8　电解质膜 CMOFs-X 的 Na$^+$ 迁移数和 LSV 测试（见彩插）

8.3.3　Na/CMOF-2电解质膜的对钠稳定性分析

对电解质膜 Na/CMOF-2 进一步研究。组装 Na｜Na/CMOF-2｜Na 对称电池来评估电解质膜 Na/CMOF-2 与金属钠电极之间的相容性。图 8-9（a）显示了对称电池在电流密度为 0.1mA/cm^2 时能够稳定运行 150h，电压曲线没有剧烈波动，电流密度提升至 0.5mA/cm^2 时极化电压仅小幅度增大，仍能稳定运行［图 8-9（b）］。极化电压较电解质膜 Na/MOF-74（Mg）显著降低，表明电解质膜 Na/CMOF-2 与金属钠电极具有优异的界面稳定性，归因于掺杂 Cu^{2+} 后 MOF-74（Mg）晶体结构也发生了转变，增加与金属钠电极的接触面积有利于金属钠的剥离与电镀行为。

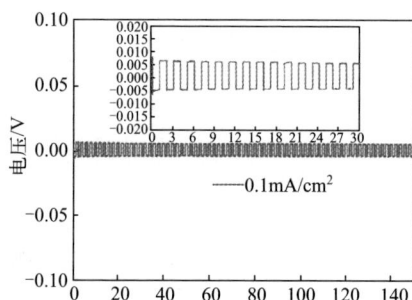

(a) 0.1mA/cm^2

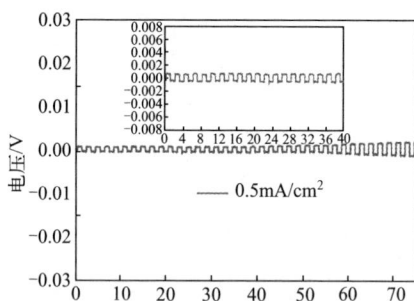

(b) 0.5mA/cm^2

图 8-9　电解质膜 Na/CMOF-2 在对称钠电池中的剥离电镀行为

8.3.4　Na/CMOF-2 电解质膜的循环稳定性及倍率性能分析

如图 8-10（a）所示，$Na_3V_2(PO_4)_3$｜Na/CMOF-2｜Na 电池在 0.2C 下初始充电比容量达到 $101mA \cdot h/g$，为理论容量的 85.9%，放电比容量达到 $85.54mA \cdot h/g$，充放电效率为 84.64%，循环圈数显著提升至 110 圈，110 圈后充电比容量达到 $76.64mA \cdot h/g$，放电比容量为 $73.88mA \cdot h/g$，容量保持率为 75.88%。如图 8-10（b）所示，对比三种电解质膜的容量保持率分别为 63.46%、66.10% 和 75.88%，电解质膜 Na/CMOF-2 的循环稳定性显著提高，这归因于双金属活性中心的协同作用，提高了 Na^+ 的传输效率与框架的稳定性。

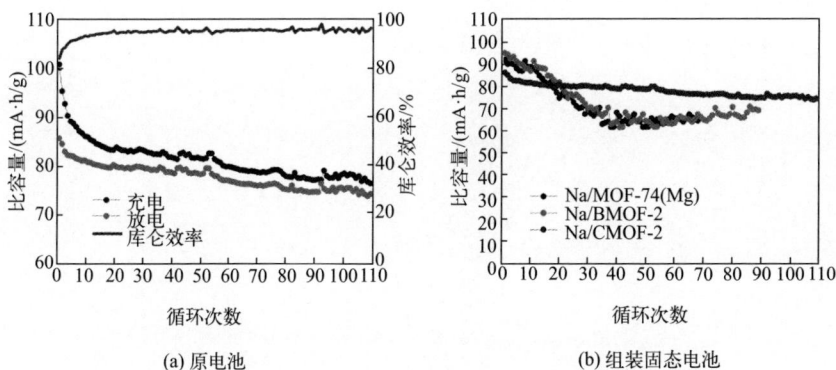

(a) 原电池　　　　　　　　　(b) 组装固态电池

图 8-10　$Na_3V_2(PO_4)_3$｜Na/CMOF-2｜Na 电池在 0.2C 倍率下的循环性能（见彩插）

小结

① 采用溶剂热法将不同摩尔比的 Cu^{2+} 掺入 MOF-74（Mg）中，负载 $NaClO_4$ 制备电解质膜 Na/CMOFs-X（C＝Cu^{2+}，X＝Cu^{2+} 掺杂量 10%、20%、30%），通过 XRD、FT-IR 和 XPS 的表征证明材料合成成功。

② 电解质膜 Na/CMOFs-X 的 FT-IR 与 XPS 的 Cl 2p 和 Cu 2p 谱表明 $NaClO_4$ 的成功负载。CMOF-2 的能谱图可以看到 Cu 元素的均匀分布与 XPS 的 Cu 2p 谱可以共同表明 Cu^{2+} 的成功掺杂，双金属活性中心的电解质膜有利于提高 Na^+ 的传输效率。

③ 得益于活性中心位点的双金属协同作用，电解质膜 Na/CMOF-2（3.18×10^{-3} S/cm）具有高于 Na/BMOF-2（1.71×10^{-3} S/cm）与 Na/MOF-74（Mg）（3.48×10^{-4} S/cm）的离子电导率，Na^+ 迁移数（0.77、0.86 和 0.71）整体优于电解质膜 Na/BMOFs-X（0.71、0.88 和 0.45）与 Na/MOF-74（Mg）（0.58）。

第 9 章　新型固态电解质面临的挑战与未来展望

9.1 面临的挑战

固态电池被视为下一代电池技术，有潜力在电动汽车和可穿戴设备中得到广泛应用。随着研究的深入和技术的进步，固态电池有望在未来几年内取得重大突破，实现商业化和规模化生产。企业和政府机构正在投资这项技术，以期获得更高性能、更安全、更环保的电池方案。

传统锂离子电池和钠离子电池使用液态有机电解质，导致电池封装困难、电解液泄漏、电池爆炸等安全问题。该类电池的能量密度和安全性是影响其在市场大规模应用的关键因素。所以，提升该类电池的安全性对促进其商业化进程有重要的战略意义。

与液态电解质相比，全固态电解质不容易泄漏，安全性高，具有广阔的应用前景。固态电解质是固态锂离子电池技术的一个重要研究领域，特别是在提高电池安全性和能量密度方面有大的优势。固态电解质不像液态电解质那样易燃，减少了电池发生热失控的概率，能够在不牺牲稳定性的前提下实现更高的能量密度。

金属/共价有机框架基固态电解质是一种新兴的电解质材料，具有许多潜在的应用，尤其是在锂离子电池和其他能源存储设备中具有广阔的应用前景。金属有机框架材料的结构可以通过调节金属中心和有机配体来优化，从而提高离子导电性。共价有机框架有助于提高离子导电性，特别是在与合适的离子导体结合时，可以实现较高的离子迁移率。

相较于液态电解质，这类电解质材料合成的灵活性高，结构可调性较强，能够通过化学合成调节其孔隙率和功能化，从而优化其电解质性能。可以设计出多种不同的结构和功能，满足特定应用需求。这类材料通常具有较低的密度，有助于减轻电池的整体重量，提高能量密度。

然而，当前全固态电解质也存在一些问题和挑战，电解质相态导致其离子迁移率低，许多固态电解质的锂离子电导率仍然低于液态电解质，金属有机框架基材料本身的离子电导率通常较低，这限制了电池的充放电速率，寻找有效方法提高金属有机框架基固态电解质的离子电导率迫在眉睫。尽管共价有机框架具有潜在的高导电性，但在实际应用中，离子导电性往往仍不足以满足高功率应用的需求。

固体与固体之间的界面不如液体与固体之间的接触良好，固态电解质和电极之间的接触不够充分，导致电极和电解质之间的大界面阻抗，这可能导致更高的内阻。金属/共价有机框架基电解质与电极材料之间的界面相容性不佳，容易导致界面阻抗增加，这不利于离子的顺畅传输和电池性能的优化，可能导致电池性能下降，须开发有效的界面改性策略。

热稳定性、化学稳定性及机械稳定性不足。部分金属有机框架基材料在高温或强酸强碱环境下容易分解或失去功能性。一些金属有机框架基材料对湿度敏感，可能在潮湿环境中降解，影响其性能。这限制了其在一些特殊条件下的应用。特别是在充放电循环中，金属有机框架基材料的机械强度和稳定性通常也不足，容易发生形变或降解现象。在某些环境条件下，共价有机框架基固态电解质材料可能发生降解或相变，影响其长期性能。这对电池的生命周期和安全性提出了挑战。

在电池充放电过程中，锂金属可能穿过电解质，形成锂枝晶，影响电池性能。研究锂枝晶的生长及机理，开发控制锂枝晶生长的有效方法对改善电池性能并提高电池运行稳定性有重要意义。

合成复杂金属/共价有机框架材料需要严格的实验条件和技术，这可能增加电池整体的制造成本。这类材料的有机配体在高温和高压下可能分解生成有害物质，带来安全和环境问题，不利于大规模商业化生产和应用。对固态电解质规模化生产的工艺和方法研发比较欠缺，缺少经济性和实用性方面的评估。

总的来说，金属/共价有机框架固态电解质具有很大的潜力，但仍需持续地研究与开发，以克服现存的挑战，实现实际应用。为了克服这些挑战，未来的研究可以集中在提高其电导率、改善界面接触性能、提高材料的稳定性和机械强度、控制锂枝晶生长以及合成工艺的简化等方面，以推动其商业化应用进程。具体的研发方向总结如下：

（1）提升离子导电性

需要选择具有高离子导电性的固态电解质材料和聚合物电解质，进一步研究和开发优化材料制备方法，设计新的材料结构以提高离子电导率。将金属/共价有机框架基固态电解质与其他材料（如高导电性的无机材料或聚合物）复合，通过掺杂其他元素来提高材料的离子导电性。特别是注重研发能提升室温下材料导电性能的有效方法。设计具有高离子导电性的离子导体，如使用离子导电的聚合物。在电场的作用下，促进离子在固态电解质中的迁移。

将固态电解质材料制备成纳米级颗粒，以增加表面积和改善离子迁移路径。设计多相复合材料，利用不同相之间的界面来改善离子导电性。在高温下烧结固态电解质，以提高其致密性和离子导电性。通过施加压力来改善材料的密实度，从而提高离子导电性。改善固态电解质与电极材料之间的界面接触，以降低界面阻抗。在固态电解质表面涂覆一层导电材料，以提高界面导电性。将聚合物与无机固态电解质结合，利用聚合物的柔韧性和无机材料的高导电性。

（2）优化固态电解质和电极接触界面

需要通过制备新材料或者开发新工艺，对金属/共价有机框架基固态电解质材料表面进行改性，对电极和固态电解质的表面进行化学或物理处理，以提高其相容性和接触面积，改善其与电极的界面相容性；在电极表面涂覆一层薄膜，以改善与固态电解质的接触；采用溶液法合成电极材料，以实现更好的界面结合；选择具有良好导电性和化学稳定性的电极材料和固态电解质，以降低界面阻抗；使用复合材料（如将导电聚合物与固态电解质结合）来改善界面性能。解决金属/共价有机框架基固态电解质材料与电极之间的界面接触问题，以提升整体电池的循环性能和稳定性。

在电池组装过程中施加适当的压力，以增强电极与固态电解质之间的接触；通过热处理来改善界面结合；利用纳米材料（如纳米颗粒或纳米线）来增加界面面积，从而提高离子导电性；利用自组装技术形成有序的纳米结构，以优化界面特性；在固态电解质中添加界面调节剂，以改善电极与电解质之间的相互作用；引入一层界面层以提高界面的离子导电性和稳定性；利用 3D 打印技术制造复杂的电极结构，以优化电极与固态电解质的接触；设计合理的电池结构，确保电极与固态电解质的最佳接触；采用多层电极结构，以提高整体电池的性能。

（3）改善稳定性和耐久性

探索金属/共价有机框架基固态电解质材料的不同功能化方式，使其能更好地适应不同的电池系统和应用场合。评估和提高金属/共价有机框架基固态电解质材料在长期循环和不同环境条件下的稳定性，以提高其在实际应用中的可靠性。

通过在固态电解质和电极界面之间增加保护膜，提升界面的稳定性。通过优化电解质与电极之间的界面，可以提高电池的整体性能。可以通过引入过渡层，提高界面的相容性，降低界面阻抗；对固态电解质材料进行改性，引入不同的掺杂元素，或者采用混合电解质系统，以提高材料的导电性和稳定性；通过计算和实验研究，优化电解质的热力学稳定窗口，使其在工作过程中能够保持稳定。

（4）控制锂枝晶

因为锂枝晶的形成可能导致电池短路、性能下降甚至安全隐患。开发控制锂枝晶生长的有效方法至关重要。在电解液中添加特定的添加剂（如氟化物、醚类等）可以改善电解液的稳定性，抑制锂枝晶的生长；选择高离子导电性的电解液，以提高锂离子的迁移速率，减少枝晶的形成；设计多孔的负极材料，可以增加锂离子的沉积面积，降低局部电流密度，从而减少枝晶的形成；在负极表面涂覆一层保护膜，可以有效抑制锂枝晶的生长。

采用较低的充电电流可以减少锂离子的沉积速率，从而降低枝晶的形成。使用脉冲充电技术，可以在充电过程中控制锂离子的沉积，减少枝晶的生长。保持电池在适宜的温度范围内（通常为 $20\sim25℃$），可以有效降低锂枝晶的生长速率。通过电池管理系统实时监测电池的状态，及时调整充电策略，防止锂枝晶的形成。

（5）降低成本，大规模生产

开发高效、经济的合成工艺，以实现金属/共价有机框架基固态电解质的工业化生产。探索更具经济效益和环境友好的合成方法，以降低生产成本和提高产量。开发新的固态电解质材料，以降低成本并提升性能，例如研究新型氧化物、硫化物和氮化物固态电解质。改进电池生产的制造工艺，例如提高材料利用率和生产效率，采用高通量制造技术。

通过自动化和智能化生产线提高生产效率，减少人力成本和生产时间。通过扩大生产规模，降低单个电池的生产成本。政府可以提供研发补贴、投资减税等政策支持，以鼓励企业进行技术创新和规模化生产。制定行业标准和规范，促进市场的规范化和统一化，降低因不规范带来的成本增加。

（6）减轻环境污染

优先选择对环境友好的材料，并减少有害物质的使用，如减少重金属元素的使用。建立完整的电池回收体系，加强废旧电池的回收和再利用，减少环境污染。通过再制造工艺，将废旧电池中的材料提取并再加工，制成新电池或其他产品。对生产过程中产生的废物进行有效管理和处理，例如固体废弃物的无害化处理。

使用清洁能源（如太阳能、风能）进行生产，以减少碳排放和其他污染物排放。在电池的研发和生产过程中，进行详细的环境影响评估，制定相应的环保措施，以降低生产对环境的负面影响。通过综合采纳这些措施，不仅有助于全固态电池的成本降低，还能有效减少生产和使用过程中的环境污染。

提升固态电解质的特性是一个多方面的研究领域，涉及材料科学、化学工程和物理学等多个学科。通过上述方法的结合应用，可以有效提高固态电解质的性能，从而推动固态电池技术的发展。每种方法都有其适用的场景和局限性，在实际应用中可能需要综合多种手段进行优化，以获得最佳的性能和寿命。

9.1.1 制约材料电导率的因素

9.1.1.1 材料的结构特性

（1）孔径与孔隙率

金属/共价有机框架基材料的孔隙结构和尺寸直接影响离子的迁移速率。孔径大小、孔道的连通性和孔壁的化学性质都会影响离子的扩散路径和能量。较大的孔径有助于提高离子迁移的速度，而高孔隙率则可提供更多的离子通道。

（2）有序结构

材料的有序程度对电导率也有显著影响。高度有序的骨架结构能够促进离子的有序迁移，从而提高电导率。相反，结构无序可能导致离子迁移路径的障碍，从而降低导电性。

（3）金属中心的选择

不同的金属中心（如锂、钠、镁等）对固态电解质的导电性有重要影响。金属离子的电荷和半径不同，会影响离子的迁移能力。锂离子由于其较小的半径和较高的电导率，通常被优先选用，但其他金属中心也有其独特的优势，尤其是在高温或特殊环境下。

9.1.1.2 离子掺杂

离子掺杂是通过在金属/共价有机框架中引入不同的离子（如 Li^+、Na^+ 等），进而提升材料电导率的一种途径。掺杂的离子可以填充在框架中的空位处，从而增强离子的迁移能力。

9.1.1.3 温度效应

电导率与温度有密切关系。一般来说，温度升高会导致离子活动性增强，从而提高电导率。对于金属/共价有机框架，随着温度升高，框架的热振动增加，使得离子能够更容易地通过框架迁移，从而提高导电性。然而，过高的温度可能导致材料的结构稳定性下降，因此需要在材料设计时平衡温度与电导率之间的关系。

9.1.1.4　合成方法

合成方法对金属/共价有机框架的结构、孔隙率和电导率有重要影响。不同的合成条件（如温度、溶剂、反应时间等）会导致材料的微观结构和宏观性质发生变化，从而影响其电导率。例如采用自组装的方法能够调节框架的结构，以优化离子导电性。

9.1.1.5　材料的化学稳定性

材料的化学稳定性决定了其在电解质环境中的耐久性和性能稳定性。化学稳定性不足会导致材料降解，从而影响电导率。

9.1.1.6　离子导电机制

离子导电机制包括质子导电、离子导电等，不同类型的离子导电机制需要不同的材料结构和功能化。

9.1.1.7　温度和湿度

温度和湿度对电导率有显著影响。通常，升高温度或湿度可以增加离子的移动性，但也可能导致材料结构的变化。

9.1.1.8　材料的功能化修饰

通过化学修饰引入功能性基团，可以提高材料的亲离子性和导电性。

9.1.1.9　杂化材料

将金属/共价有机框架与其他导电材料（如离子液体、聚合物）进行杂化，可以显著提升其电导率和机械性能。

9.1.1.10　离子浓度和分布

离子浓度和分布会影响离子传导路径的有效性。适当的离子浓度能够形成连续的导电通道，而过高的离子浓度则可能导致离子聚集，反而降低电导率。

9.1.1.11　取向和结晶度

材料的结晶度和取向也会影响其电导率。高结晶度和适当的取向可以提供更加有序的离子传导路径，从而提高电导率。

金属/共价有机框架基材料作为新型固态电解质材料，其电导率受多种因素的综合影响，包括但不限于孔隙结构、化学稳定性、导电机制、温度和湿度、功能化修饰、杂化材料、离子浓度及分布、材料的取向和结晶度等。深入理解这些因素及其相互作用对于设计和优化高性能固态电解质材料具有重要意义。

通过合理设计和调控以上因素，可以提升金属/共价有机框架基材料作为固态电解质的电导率，为其在电池、电容器等储能器件中的应用提供了新的思路。

9.1.2　材料稳定性与界面问题

9.1.2.1　固态电解质材料的特性

金属有机框架由金属离子和有机配体通过配位键合成，具有高度的可调性和多样性。金属有机框架的高比表面积和孔隙率使其在电解质应用中具有潜在优势。某些金属有机框架表现出优良的离子导电性，适合用于固态电池。尽管如此，金属有机框架在湿度和温度变化下可能发生结构崩溃，影响其电解质性能。

共价有机框架是通过共价键连接的有机单体形成的有序网状结构，共价有机框架的结构可以通过选择不同的有机单元进行调节，从而优化其电导率。在电化学应用中，共价有机框架的界面稳定性仍然是一个重要的研究课题。

9.1.2.2　稳定性问题

（1）环境稳定性

固态电解质材料的稳定性通常受到环境因素的影响，包括湿度、温度和气氛等。金属有机框架和共价有机框架在高湿度环境下容易吸水或水解，这可能会导致其失去结构完整性和导电性，进而导致材料的结构变化和性能下降。通常吸湿机制分为以下两步：

① 孔道内水分的吸附：金属有机框架的孔道结构可以吸附水分，导致其导电性能下降。

② 水解反应：在潮湿环境中，部分金属有机框架可能会与水发生反应，生成不导电的化合物。

（2）热稳定性

热稳定性是固态电解质材料在高温环境下性能的重要指标。许多金属有机框架在高温下会经历分解，导致其结构的破坏。金属有机框架的热解通常包括几个阶段：

① 有机配体的脱附：在高温下，有机配体可能会从金属离子中脱离。

② 金属团簇的聚集：金属离子在高温下可能会聚集形成更大的金属团簇，导致导电性降低。

③ 相变：一些金属有机框架在高温下可能会经历相变，导致离子导电路径的变化。

（3）化学稳定性

化学稳定性是指材料在化学环境中的稳定性。金属/共价有机框架在与电极材料接触时，可能会发生化学反应，导致结构的破坏，进而导致界面形成不稳定的相。化学反应机制包括电解质的分解和界面层的形成。

① 电解质分解：在某些条件下，电解质可能会与电极材料发生反应，造成电解质的分解。

② 界面层形成：在充放电过程中，可能形成固态电解质界面膜，进而影响离子迁移。

（4）界面问题

① 界面阻抗。界面阻抗是影响固态电池性能的关键因素之一。金属/共价有机框架基固态电解质与电极材料之间的接触质量直接决

定了离子的传输效率。接触不良会导致界面电阻的增加，从而降低电池的整体性能。界面阻抗是限制固态电解质在电池中应用的主要因素之一。金属/共价有机框架基固态电解质与电极材料之间的界面通常存在较高的电阻，导致电池的能量效率下降。影响界面阻抗的因素包括材料表面的粗糙度和界面化学的相互作用。

a. 材料表面粗糙度：电极和电解质的表面粗糙度会影响接触面积，从而影响接触电阻。

b. 界面化学相互作用：界面上不同材料之间的化学相互作用会影响离子的迁移。

② 界面相容性。界面相容性是固态电解质与电极材料间的重要特性。若界面相容性差，可能导致剥离和接触不良等问题。

③ 界面反应。在电池的充放电过程中，固态电解质与电极材料之间可能发生化学反应，形成不导电的界面层。这种反应会增加界面阻抗，降低电池的循环寿命。固体电解质界面膜的形成机制包括以下两步。

a. 电化学反应：在电池工作过程中，电解质与电极材料之间的电化学反应可能导致固体电解质膜的形成。

b. 反应产物的积累：反应产物在界面上的积累会增加界面阻抗，影响电池性能。

④ 界面结构变化。充放电循环过程中，金属/共价有机框架与电极材料之间的界面结构可能会发生变化，影响离子的迁移和整体电池性能。这种界面结构的不稳定性可能会导致电池性能的快速衰退。

9.1.2.3　解决方案

（1）结构设计

通过掺杂或合成新型金属/共价有机框架基材料，合理的结构设计可以提高固态电解质的稳定性、导电性及其与界面的兼容性。设计具有更高孔隙率和更短离子迁移路径的金属/共价有机框架基材料可以提高其离子导电性和稳定性。

（2）界面改善技术

对于界面问题，表面修饰是一种有效的解决方案。通过在固态电解质表面涂覆导电聚合物或其他材料，可以改善其与电极的相容性，有效降低界面接触电阻，提高材料的稳定性和导电性，从而提升电池的能量转换效率。

（3）复合材料

将金属/共价有机框架与聚合物或其他导电材料复合，可以增强其稳定性和电导率。

金属/共价有机框架固态电解质材料在电池技术中具有广泛的应用前景，但其稳定性与界面问题仍然是限制其实际应用的主要因素。通过结构设计、表面修饰和添加剂的使用等手段，可以有效改善这些问题。未来应进一步探索新型固态电解质材料，使其在电池技术中的应用更加广泛和高效。

9.1.3　制造工艺的复杂性

9.1.3.1　工艺复杂性分析

合成金属/供价有机框架材料的工艺复杂，影响因素众多。

（1）原料纯度

原料的纯度对金属/共价有机框架的合成至关重要。杂质会影响晶体的生长和最终产品的导电性。

（2）合成温度

合成温度直接影响材料的晶体形态和孔隙结构。

（3）反应时间

反应时间的长短会影响金属/共价有机框架的晶体生长和微观结构。

（4）界面反应

金属/共价有机框架在电池应用中与电极材料接触时，可能发生界面反应，生成不导电的固体相，影响电池性能。

9.1.3.2 改性与复合材料

（1）材料改性

① 掺杂技术。掺杂不同的金属离子或有机配体可以显著改善金属/共价有机框架的性能。

② 表面改性。通过化学改性或物理改性，可以提高金属/共价有机框架的稳定性和导电性。

（2）复合材料

① 聚合物复合。将金属/共价有机框架与导电聚合物复合，可以提高材料的导电性和机械性能。

② 纳米材料复合。将金属/共价有机框架与纳米材料复合可以显著改善其电化学性能。

9.1.3.3 挑战与未来方向

（1）持续的工艺优化

未来的研究需要继续优化金属/共价有机框架的合成工艺，以提高其稳定性和导电性。

（2）界面工程的深入研究

界面反应和界面接触电阻仍然是一个重要问题，未来需要深入研究界面的性质和改性方法。

（3）规模化生产

尽管金属/共价有机框架在实验室条件下表现出良好的性能，但如何实现规模化生产仍然是一个挑战。

金属/共价有机框架固态电解质材料在固态电池中展现出良好的应用潜力，但其工艺复杂性和稳定性问题仍需深入研究。通过优化合成工艺、改性和复合等策略，有望进一步提升金属/共价有机框架的性能，推动固态电池技术的发展。未来的研究将集中在解决现有挑战和实现材料的规模化生产。

9.1.4 材料合成与环境问题

9.1.4.1 传统合成方法

金属/共价有机框架的合成方法主要包括溶剂热法、干燥法、气相沉积法和电化学法等。这些方法各有优缺点，但传统的溶剂热法因其简单、有效而被广泛采用。尽管如此，这些方法在合成过程中往往会消耗大量的有机溶剂，可能对环境造成污染。

9.1.4.2 环境问题的来源

在金属/共价有机框架的合成过程中，主要的环境问题包括：

① 有机溶剂的使用：许多合成方法依赖于有机溶剂，可能导致挥发性有机化合物的释放。

② 废物处理：合成过程中产生的废物往往需要特殊处理，不当处理可能对环境造成污染。

③ 资源消耗：合成过程中消耗的资源（如水、电能和原材料）也对环境造成一定影响。

④ 金属/共价有机框架固态电解质材料合成过程中的环境问题日益受到重视，在实际应用中仍需进一步探索。

⑤ 规模化生产：在实验室条件下可行的绿色合成方法需要在工业规模上进行验证，以确保其经济性和可行性。

⑥ 政策引导：建立相关政策和标准，以促进绿色合成技术的推广。

⑦ 环境监测：开发实时监测系统，以评估合成过程中的环境影响，确保合成过程的可持续性。

通过这些努力，金属/共价有机框架的合成过程将更加环保，并推动了固态电池和其他相关技术的可持续发展。

9.1.5　经济性与实用性提升

（1）材料合成的绿色化

通过绿色化学原则，努力寻找可再生资源作为原料，以降低环境影响和生产成本。绿色合成不仅能节省成本，还能提高材料的市场竞争力。

（2）结构优化

优化金属/共价有机框架的结构设计可以有效提升其性能。通过调节孔隙率、配体结构等参数，可以在不增加成本的情况下显著改善材料的离子导电性。

（3）复合材料的开发

金属/共价有机框架与其他导电材料的复合可以显著提高其性能。复合材料的开发为金属/共价有机框架在固态电池和其他储能设备中的应用提供了更广泛的可能性。

（4）工业化生产

开发高效的生产流程，降低能耗和材料成本是提高金属/共价有机框架经济性的关键。工业化生产将为这些材料的商业化应用奠定基础。

（5）材料的再生利用

开发金属/共价有机框架的再生利用技术，以降低材料的整体成本，提高其经济性和可持续性。

9.2　未来发展趋势

9.2.1　新型材料的研发方向

9.2.1.1　材料设计

（1）结构设计

金属有机框架和共价有机框架的结构设计是研发的核心方向之

一。合理的框架结构能够提高其离子导电性和稳定性。通过设计不同的金属离子和有机配体，可以调节金属/共价有机框架的结构和性能。例如使用具有不同电负性的金属离子可以调节框架的电导率。此外，通过设计具有不同刚度和灵活性的有机配体，可以改善离子的迁移路径。

（2）功能化

通过引入不同的金属离子或有机配体对金属有机框架和共价有机框架进行功能化改性，可以显著提升其离子导电性。功能化还可以提高材料的化学稳定性和环境适应性。

（3）孔隙率优化

高孔隙率有助于提高离子传输效率，因此设计具有适当孔径的框架是关键。孔径尺寸应与离子直径匹配，以便于离子在框架内部的迁移。

9.2.1.2　合成方法

不同的合成方法会影响金属有机框架和共价有机框架的结构和性能。当前，常用的合成方法包括以下几种：

（1）溶剂热合成法

溶剂热合成法是制备金属/共价有机框架的常用方法。通过调节反应温度和时间，可以获得不同形貌和结构的材料。优化溶剂的种类和浓度也可以显著影响合成结果。

（2）自组装技术

自组装技术可以有效地构建具有高度有序结构的金属/共价有机框架。通过控制反应条件，使得构建单元在特定条件下自发组装，从而形成期望的结构。

（3）机械合成

机械合成是一种新兴的合成方法，具有快速、环保的优点。通过高能球磨等方式，可以在较短时间内合成出高性能的金属/共价有机框架材料。

（4）模板法合成

通过模板法可以合成具有特定形貌和结构的金属/共价有机框架。

9.2.1.3　性能优化

（1）离子导电性

离子导电性是固态电解质的关键性能之一。为提高金属有机框架和共价有机框架的离子导电性，可以从以下几方面探索。

① 掺杂技术：通过引入导电性良好的金属离子或其他导电材料，可以显著提升金属/共价有机框架的离子电导率。

② 聚合物复合：将金属/共价有机框架与聚合物复合，形成复合电解质材料，以提高机械强度和离子导电性。

（2）热稳定性

热稳定性对于固态电解质材料的应用至关重要。可以通过以下方法提高金属有机框架和共价有机框架的热稳定性。

① 优化合成条件：通过调节合成温度和时间，获得热稳定性更高的框架结构。

② 引入热稳定性材料：与其他热稳定性较好的材料复合，提升整体的热稳定性。

（3）化学稳定性

金属有机框架和共价有机框架在电解质环境中的化学稳定性是影响其应用的重要因素。为提高化学稳定性，可采取以下措施。

① 表面改性：通过表面功能化或涂层技术，提高材料的耐腐蚀性。

② 选择合适的电极：选择与金属/共价有机框架相容性好的电极，可以减少界面反应，提高化学稳定性。

9.2.1.4　界面工程

（1）界面接触优化

界面接触是决定固态电池性能的关键因素之一。优化金属/共价有机框架与电极材料之间的界面接触，可以显著提高电池的性能。

① 表面处理：对电极表面进行处理，以增强与电解质的接触，

降低界面电阻。

② 采用界面涂层：通过涂覆导电聚合物等材料，改善电解质与电极之间的界面接触。

（2）界面反应控制

在充放电过程中，电解质与电极之间可能发生化学反应，形成固态电解质界面，影响离子迁移。控制界面反应是重要的研究方向。

① 界面反应机制研究：深入研究界面反应的机理，寻找有效的抑制措施。

② 设计稳定的界面材料：开发具有良好化学稳定性的界面材料，减少不导电相的生成。

9.2.1.5　复合材料开发

（1）金属有/共价有机框架与聚合物复合

将金属/共价有机框架与聚合物复合是提高材料性能的重要策略。复合材料不仅可以提高离子导电性，还能提升机械强度和稳定性。

① 聚合物选择：选择合适的聚合物与金属/共价有机框架复合，以优化材料的性能。例如聚乙烯氧化物与金属/共价有机框架的复合能够提高离子导电性。

② 复合方法：采用溶液浸渍法、共混法等多种方法制备复合材料。

（2）金属/共价有机框架与其他导电材料复合

将金属/共价有机框架与其他导电材料（如石墨烯、碳纳米管等）复合，进一步提升材料的导电性和性能。

① 导电网络构建：通过导电材料的网络结构，提供更多的离子传输通道。

② 性能协同：研究不同材料之间的协同效应，以优化复合材料的整体性能。

金属/共价有机框架固态电解质材料作为新兴的电池材料，展示了巨大的应用潜力。通过持续的研究和开发，这些材料有望在固态电池及其他储能系统中发挥重要作用。未来的研究将更加注重性能优化、界面工程、多功能性以及大规模应用，以促进这一领域的快速发展。

9.2.2 制备技术的创新与优化

9.2.2.1 稳定性问题的创新与优化

（1）热稳定性的提升

金属离子的选择：选择具有更高热稳定性的金属离子，如钛、锆等，以提高金属有机框架和共价有机框架的热稳定性。

有机配体的优化：引入具有更高热稳定性的有机配体，增强金属有机框架和共价有机框架的整体稳定性。

（2）化学稳定性的增强

① 界面修饰：通过在金属/共价有机框架表面涂覆保护层，防止与电解质或电极材料发生不良反应。

② 合成新型材料：开发具有更强化学稳定性的金属/共价有机框架，例如掺杂具有化学惰性的元素，以增强其稳定性。

（3）湿度稳定性的改善

① 改性处理：通过化学改性或物理处理，将金属有机框架和共价有机框架表面改性为疏水性，以抵御湿气的影响。

② 开发新型材料：合成新的金属/共价有机框架材料，具有更强的抗湿性。

9.2.2.2 界面问题的创新与优化

（1）界面接触电阻的降低

① 表面处理：对电极和电解质表面进行处理，以改善其接触质量，增加接触面积。

② 界面调节：通过添加导电材料或改性剂，改善电极与电解质之间的导电性。

（2）界面反应的抑制

① 选择合适的电解质：使用与电极材料相容性更好的电解质，以减少不良反应的发生。

② 优化电极材料：开发具有更好相容性的电极材料，以减少界面反应的影响。

（3）界面结构的优化

① 界面工程：设计具有更优结构的界面，优化离子迁移路径。

② 复合材料的使用：将金属/共价有机框架与其他材料复合，以提高界面的稳定性和导电性。

9.2.2.3　设备技术的创新与优化

（1）固态电池的设计

固态电池的设计是提升电池性能的关键。可以通过以下方式优化固态电池的设计。

电池结构的优化：设计多层电池结构，提高电池的能量密度和功率密度。

电极与电解质的匹配：优化电极与电解质的匹配，以提高电池的整体性能。

（2）生产工艺的改进

生产工艺的改进对于提高固态电池的性能至关重要。可通过以下方式优化生产工艺。

① 涂布技术的优化：采用先进的涂布技术，提高电解质和电极材料的均匀性和黏附性。

② 烧结工艺的改进：优化烧结工艺，提高材料的致密性和导电性。

（3）设备集成的创新

设备集成的创新可以提高固态电池的整体性能。未来能够通过以下方式优化设备集成。

① 模块化设计：采用模块化设计，提高电池的可维护性和可扩展性。

② 智能监测系统：集成智能监测系统，实时监控电池的状态，

提高安全性和可靠性。

9.2.2.4 未来发展方向

尽管金属有机框架和共价有机框架基固态电解质材料在电池技术中展现了良好的应用前景，但仍需在以下几个方面进行深入研究。

① 新型材料的开发：继续开发具有更高性能和稳定性的金属/共价有机框架材料。

② 界面科学的研究：加强对界面现象的理解，寻找新的界面优化方法。

③ 产业化应用：推动金属有机框架和共价有机框架材料在电池领域的产业化应用，满足市场需求。

金属有机框架和共价有机框架作为新型固态电解质材料，在提高固态电池性能方面展现出巨大的潜力。通过材料设计、合成方法的优化、性能提升策略以及解决实际应用中的挑战，金属有机框架和共价有机框架在固态电池领域的应用将取得进一步突破。未来的研究将集中在如何实现这些材料的大规模生产以及在实际应用中的长期稳定性和效率。

9.2.3 固态电池在电动汽车与储能领域的应用前景

随着全球对可再生能源的需求不断增加，电动汽车和储能系统成为实现可持续发展的关键技术。固态电池因其高能量密度、安全性和长寿命，逐渐成为电动汽车和储能系统的研究热点。在固态电池中，金属/共价有机框架作为新型固态电解质材料，展现出良好的应用前景。

9.2.3.1 固态电池的优势

固态电池相比传统液态电池具有以下多个显著优势。

① 安全性高：固态电池使用固体电解质，可避免液态电解质的泄漏和易燃性，降低了安全风险。

② 能量密度高：固态电池通常具有更高的能量密度，能够为电动汽车提供更长的续航里程。

③ 循环寿命长：固态电池在充放电过程中，界面反应和电解质的稳定性较好，从而提高了循环寿命。

④ 宽温度范围：固态电池可以在更广泛的温度范围内工作，适应不同的环境条件。

9.2.3.2　固态电池在电动汽车中的应用前景

（1）续航能力

电动汽车的续航能力是消费者关注的重点。通过使用金属/共价有机框架固态电解质，固态电池可以实现更高的能量密度，进而延长电动汽车的续航里程。例如某些金属有机框架具有极高的离子导电性和稳定性，使固态电池在相同体积或重量下存储更多的能量。

（2）充电速度

固态电池的离子导电性通常优于传统液态电池，这意味着电动汽车可以实现更快的充电速度。金属/共价有机框架的高离子导电性使得电池在短时间内能够吸收大量电荷，提升充电效率。

（3）安全性

电动汽车的安全性一直是一个重要话题。固态电池的固态电解质减少了热失控的风险，避免了液态电解质可能引发的火灾和爆炸事故。金属/共价有机框架的化学稳定性也进一步增强了电池的安全性。

（4）轻量化设计

金属/共价有机框架的高度可调性使其能够设计出轻量化的固态电解质材料，进一步降低电动汽车的整体重量。这有助于提高能效和续航能力。

9.2.3.3　固态电池在储能领域的应用前景

（1）可再生能源储存

随着可再生能源（如太阳能和风能）的普及，储能系统的需求不断增长。固态电池可以有效地储存大量的可再生能源，从而平衡能源的供需。金属/共价有机框架固态电解质能够提供高能量和高效率的储能解决方案。

（2）电网平衡

固态电池可以在电网中充当调节器，平衡负载波动。通过将多余的电能储存起来，在需求高峰时释放，可以有效提高电网的稳定性。

（3）家庭储能系统

随着家庭用电需求的增加，家庭储能系统逐渐受到关注。固态电池的高安全性、长寿命和高能量密度非常适合家庭储能应用，能够实现家庭自给自足的能源管理。

9.2.3.4　金属/共价有机框架固态电解质材料的挑战

（1）稳定性问题

尽管金属/共价有机框架固态电解质在性能上具有良好的潜力，但其稳定性仍然是一个主要挑战。热稳定性、化学稳定性和湿度敏感性都可能影响其在实际应用中的表现。

（2）界面问题

固态电池的界面问题也是一个重要挑战。金属/共价有机框架与电极材料之间的接触电阻和界面反应可能导致电池性能的降低。因此，界面工程和材料改性是当前研究的热点。

（3）大规模生产

尽管金属/共价有机框架在实验室中表现出优异的性能，但将其应用于大规模生产仍然是一个挑战。开发经济可行的合成方法和优化生产工艺是实现商业化应用的关键。

9.2.3.5　未来发展方向

（1）材料改性与优化

通过掺杂、复合或改性技术，可以提升金属/共价有机框架的稳定性和导电性，从而改善固态电池的性能。

（2）界面工程

研究界面工程技术，以降低接触电阻和提高界面稳定性，确保电池在充放电过程中性能的稳定。

（3）规模化生产技术

开发适用于金属/共价有机框架的高效、经济的生产工艺，以推动固态电池的商业化应用。

（4）研发新材料

探索新的金属/共价有机框架材料，尤其是具有更高离子导电性和优越稳定性的材料，以满足未来电动汽车和储能系统的需求。

9.3　科研与产业化结合的思考

金属有机框架和共价有机框架作为新型固态电解质材料，因其独特的结构和优异的性能展现出良好的应用潜力，但在产业化进程中仍面临许多挑战。

（1）成本问题

① 合成成本高：目前金属有机框架和共价有机框架的合成方法复杂，反应条件苛刻，导致生产成本较高。

② 规模化生产困难：大规模合成高质量金属有机框架和共价有机框架材料面临技术瓶颈，限制了其在工业中的广泛应用。

（2）稳定性与性能

① 热稳定性：许多金属有机框架在高温下的热稳定性较差，限制了其在高温工作环境中的应用。

② 化学稳定性：金属有机框架和共价有机框架在电池工作过程中与电解质或电极材料的反应可能导致性能下降。

③ 环境稳定性：金属有机框架对湿气和氧气的敏感性可能影响其长期性能。

（3）界面问题

① 界面接触电阻：金属有机框架和共价有机框架与电极材料之间的接触可能不良，导致界面电阻增加，影响离子迁移。

② 界面反应：电解质与电极之间的化学反应可能生成不导电的

相，导致电池性能下降。

为了解决成本和性能问题，可以考虑以下策略。

（1）材料创新

① 新型金属有机框架和共价有机框架开发：未来研究将致力于开发更多新型金属有机框架和共价有机框架，以提高其离子导电性和化学稳定性，满足高性能固态电池的需求。

② 功能化设计：通过功能化设计和改性，提升金属有机框架和共价有机框架在极端环境下的稳定性，扩展其应用范围。

③ 降低合成成本：探索简化合成工艺，采用更低成本的原料，以降低金属有机框架和共价有机框架的生产成本。

④ 优化材料性能：通过改性技术提高金属有机框架和共价有机框架的热稳定性和化学稳定性，以满足实际应用需求。

（2）界面调控

改善界面接触：通过界面涂层或改性技术提高金属有机框架和共价有机框架与电极材料的接触质量，减少界面接触电阻。

研究界面反应机制：深入理解电解质与电极材料之间的反应机制，以设计更稳定的界面结构。

（3）规模化生产技术

① 开发新型合成方法：如溶剂热法、超声波辅助合成等，以提高合成效率和产品质量。

② 建立标准化生产流程：制定金属有机框架和共价有机框架的生产标准和质量控制体系，以确保产品的一致性和可靠性。

（4）产业链整合

① 跨学科合作：加强材料科学、化学工程和电化学等领域的跨学科合作，推动金属有机框架和共价有机框架的研究和应用。

② 规模化生产：开发高效、经济的合成工艺，以便将金属有机框架和共价有机框架的生产规模化，降低成本，从而推动其商业化应用。

③ 与企业合作：与电池制造商和汽车制造商等企业建立合作关系，推动金属有机框架和共价有机框架在固态电池中的应用。

④ 市场推广：随着固态电池市场的扩大，金属有机框架和共价有机框架作为电解质的应用将越来越普及，尤其是在电动汽车和储能系统中。

（5）环境与可持续性

① 绿色合成方法：开发绿色合成方法，降低生产过程中的环境影响，以提高材料的可持续性。

② 回收与再利用：研究金属有机框架和共价有机框架的回收与再利用技术，减少资源浪费，促进可持续发展。

金属/共价有机框架固态电解质材料在固态电池领域展现出良好的应用前景，金属/共价有机框架基固态电解质的科研与产业化结合正在加速发展，但其产业化进程仍面临许多挑战。通过优化材料性能、改善界面工程、发展规模化生产技术、整合产业链以及关注环境与可持续性，有望推动金属有机框架和共价有机框架的产业化进程，促进固态电池技术的快速发展。未来应着重于解决当前存在的问题，集中于材料创新、产业化路径以及跨学科合作，以推动这一技术的成熟与推广。以实现金属/共价有机框架材料在工业中的广泛应用。

小结

科技不断发展，固态电池受到越来越多的关注，有潜力在未来被广泛应用。目前传统锂离子电池的能量密度和安全性的问题限制着该类电池的发展，使用金属/共价有机框架基固态电解质可以有效提高离子导电性，同时这类电解质可以设计不同的结构和功能，满足特定的需要。但是全固态电解质还存在一些问题与挑战，固态的特性使其离子迁移率较低，固固接触不充分可能会导致更高的内阻，同时，合成复杂金属/共价有机框架材料需要一定的技术条件，导致实际应用仍然存在不足。

为了克服一系列的挑战，可以从提高离子导电性、优化固态电解质和电极接触界面、改善稳定性和耐久性、控制锂枝晶、降低成本、实现大规模生产和减轻环境污染等方面出发。提升固态电解质的性能是一个多学科的结合交叉应用，其中材料的电导率是影响固态电解质性能的因素之一，设计合理的结构、使用界面改善技术、选择合适的复合材料可以有效提高新型固态电解质的性能。

金属有机框架和共价有机框架作为新型固态电解质材料，因其独特的结构和优异的性能展现出良好的应用潜力。目前仍需继续开发新型材料，加强对界面现象的理解，寻找新的界面优化方法，实现产业化的应用。着力解决当下存在的问题，集中发展材料创新，界面改性技术，优化制作工艺，拓展其他的能源储存系统，开发适合不同应用场景的固态电池体系。

［1］Chen R, Qu W, Guo X, et al. The pursuit of solid-state electrolytes for lithium batteries: from comprehensive insight to emerging horizons[J]. Materials Horizons, 2016, 3 (6): 487-516.

［2］孟贵林，杨燕飞，王万凯，等．黏土矿物纳米材料在锂电池隔膜和固态电解质中的应用研究进展［J］. 硅酸盐通报，2022, 41(06): 2167-2180.

［3］Zhao Y, Zhou T, Jeurgens L P, et al. Electrolyte engineering for highly inorganic solid electrolyte interphase in high-performance lithium metal batteries［J］. Chem, 2023, 9 (3): 682-697.

［4］Hu J K, Gao Y C, Yang S J, et al. High energy density solid-state lithium metal batteries enabled by in situ polymerized integrated ultrathin solid electrolyte/cathode［J］. Advanced Functional Materials, 2024: 2311633.

［5］王春梅，周志远，张瑶，等．新型锂离子固态电解质应用进展［J］. 功能材料，2023, 54(5): 5038-5046.

［6］Wu N, Chien P H, Li Y, et al. Fast Li$^+$ conduction mechanism and interfacial chemistry of a NASICON/polymer composite electrolyte［J］. Journal of the American Chemical Society, 2020, 142(5): 2497-2505.

［7］刘欢．LiBH$_4$基固态电解质材料的制备及其锂传导性能研究[D]. 杭州:浙江大学，2020.

［8］Zhao C, Liu L, Qi X, et al. Solid-state sodium batteries［J］. Advanced Energy Materials, 2018, 8(17): 1703012.

［9］Furukawa H, Cordova K E, O'Keeffe M, et al. The chemistry and applications of metal-organic frameworks［J］. Science, 2013, 341(6149): 1230444.

［10］Zhao Q, Stalin S, Zhao C Z, et al. Designing solid-state electrolytes for safe, energy-dense batteries［J］. Nature Reviews Materials, 2020, 5(3): 229-252.

［11］Bay M C, Wang M, Grissa R, et al. Sodium plating from Na-β″-alumina ceramics at room temperature, paving the way for fast-charging all-solid-state batteries［J］. Advanced Energy Materials, 2019, 10(3): 1902899-1902906.

［12］Niu W, Chen L, Liu Y, et al. All-solid-state sodium batteries enabled by flexible composite electrolytes and plastic-crystal interphase［J］. Chemical Engineering Journal, 2020, 384.

［13］Ma X, Qiao F, Qian M, et al. Facile fabrication of flexible electrodes with poly(vinylidene fluoride)/Si$_3$N$_4$ composite separator prepared by electrospinning for sodium-ion batteries［J］. Scripta Materialia, 2021, 190: 153-157.

［14］ Long L, Wang S, Xiao M, et al. Polymer electrolytes for lithium polymer batteries ［J］. Journal of Materials Chemistry A, 2016, 4(26): 10038-10069.

［15］ Chui S S Y, Lo S M F, Charmant J P H, et al. A chemically functionalizable nanoporous material ［Cu₃(TMA)₂(H₂O)₃］n ［J］. Science, 1999, 283(5405): 1148-1150.

［16］ Zettl R, Lunghammer S, Gadermaier B, et al. High Li⁺ and Na⁺ conductivity in new hybrid solid electrolytes based on the porous MIL-121 metal-organic framework ［J］. Advanced Energy Materials, 2021, 11(16): 2003542.

［17］ Yang H, Liu B, Bright J, et al. A single-ion conducting UiO-66 metal-organic framework electrolyte for all-solid-state lithium batteries ［J］. ACS Applied Energy Materials, 2020, 3(4): 4007-4013.

［18］ Chiochan P, Yu X, Sawangphruk M, et al. A metal-organic framework derived solid electrolyte for lithium-sulfur batteries ［J］. Advanced Energy Materials, 2020, 10(27): 2001285.

［19］ Goodenough J B, Kim Y. Challenges for rechargeable Li batteries ［J］. Chemistry of Materials, 2009, 22(3): 587-603.

［20］ Ding S Y, Wang W. Covalent organic frameworks (COFs): from design to applications ［J］. Chemical Society Reviews, 2013, 42(2): 548-568.

［21］ Geng K, He T, Liu R, et al. Covalent organic frameworks: design, synthesis, and functions ［J］. Chemical Reviews, 2020, 120(16): 8814-8933.

［22］ Li J, Jing X, Li Q, et al. Bulk COFs and COF nanosheets for electrochemical energy storage and conversion ［J］. Chemical Society Reviews, 2020, 49(11): 3565-3604.

［23］ Zhao X, Pachfule P, Li S, et al. Macro/microporous covalent organic frameworks for efficient electrocatalysis ［J］. Journal of the American Chemical Society, 2019, 141(16): 6623-6630.

［24］ Li C, Yang J, Pachfule P, et al. Ultralight covalent organic framework/graphene aerogels with hierarchical porosity ［J］. Nature Communications, 2020, 11(1): 4712.

［25］ 张一, 张萌, 佟一凡, 等. 多羰基共价有机骨架在二次电池中的应用 ［J］. 化学进展, 2021, 33(11): 2024.

［26］ An Q, Wang H, Zhao G, et al. Understanding dual-polar group functionalized COFs for accelerating Li-ion transport and dendrite-free deposition in lithium metal anodes ［J］. Energy & Environmental Materials, 2023, 6(2): 2575.

［27］ Wang X, Liu M, Liu Y, et al. Topology-selective manipulation of two-dimensional covalent organic frameworks ［J］. Journal of the American Chemical Society, 2023, 145(49): 26900-26907.

［28］ Li Z, He T, Gong Y, et al. Covalent organic frameworks: pore design and interface engineering ［J］. Accounts of Chemical Research, 2020, 53(8): 1672-1685.

［29］ Gao Z, Liu Q, Zhao G, et al. Covalent organic frameworks for solid-state electrolytes of lithium metal batteries ［J］. Journal of Materials Chemistry A, 2022, 10(14): 7497-7516.

［30］ Li Z, Ji W, Wang T X, et al. Guiding uniformly distributed Li-ion flux by lithiophilic covalent organic framework interlayers for high-performance lithium metal anodes ［J］. ACS Applied Materials & Interfaces, 2021, 13(19): 22586-22596.

［31］ Yang X, Hu Y, Dunlap N, et al. A truxenone-based covalent organic framework as an all-solid-state lithium-ion battery cathode with high capacity ［J］. Angewandte Chemie International Edition, 2020, 59(46): 20385-20389.

［32］ Zhao G, Zhang Y, Gao Z, et al. Dual active site of the azo and carbonyl-modified covalent organic framework for high-performance Li storage ［J］. ACS Energy Letters, 2020, 5(4): 1022-1031.

［33］ Liu Z, Zhang K, Huang G, et al. Highly processable covalent organic framework gel electrolyte enabled by side-chain engineering for lithium-ion batteries ［J］. Angewandte Chemie International Edition, 2022, 61(2): 202110695.

［34］ Zhang G, Liu Z, Zhang K, et al. High-processable COF gel electrolyte enabled by side chain engineering for lithium-ion battery ［J］. Angewandte Chemie, 2021, 61 (2): 202110695.

［35］ Hota M K, Chandra S, Lei Y, et al. Electrochemical thin-film transistors using covalent organic framework channel ［J］. Advanced Functional Materials, 2022, 32(23): 2201120.

［36］ Zhao G F, Xu L. F, Jiang J W, et al. COFs-based electrolyte accelerates the Na^+ diffusion and restrains dendrite growth in quasi-solid-state organic batteries ［J］. Nano Energy, 2022, 92: 1-11.

［37］ Yan Y C, Liu Z, Wan T, et al. Bioinspired design of Na-ion conduction channels in covalent organic frameworks for quasi-solid-state sodium batteries ［J］. Nature Communications, 2023, 14(1): 1-14.

［38］ Guo J H, Feng F, Jiang X,Y, et al. Boosting selective Na^+ migration kinetics in structuring composite polymer electrolyte realizes ultrastable all-solid-state sodium batteries ［J］. Advanced Functional. Materials, 2024, 34(6): 2313496.

［39］ Niu C Q, Zhao S, Xu Y X In situ gelled covalent organic frameworks electrolyte with long-range interconnected skeletons for superior ionic conductivity ［J］. Journal of the American Chemical Society, 2024, 146(5): 3114-3124.

［40］ Van der Jagt R, Vasileiadis A, Veldhuizen H, et al. Synthesis and structure-property relationships of polyimide covalent organic frameworks for carbon dioxide capture and (aqueous) sodium-ion batteries ［J］. Chemistry of Materials, 2021, 33: 818-833.

［41］ 高从堦. 固态溶剂法制备超薄混合基质膜用于分子筛分[J]. 华东理工大学学报(自然科学

版), 2023, 49(06): 773-776.

[42] 付祥南, 徐远健, 柴敬超, 等. 化学气相沉积法制备硅碳复合负极材料的研究进展 [J]. 江汉大学学报(自然科学版), 2023, 51(04): 5-16.

[43] Liu J H, Lu S C, Wang L K, et al. Constructed a bimetallic synergistic organic backbones electrode by the electrochemical deposition for high-performance flexible supercapacitors [J]. Journal of Energy Storage, 2023, 68: 107885.

[44] 于乐乐, 刘萌, 王庆伟. 锂离子电池用无机固态电解质的制备工艺研究现状与进展 [J]. 陶瓷学报, 2024, 45(02): 235-247.

[45] Zhao R, Wu Y, Liang Z, et al. Metal-organic frameworks for solid-state electrolytes [J]. Energy & Environmental Science, 2020, 13(8): 2386-2403.

[46] Wang G, He P, Fan L Z. Asymmetric polymer electrolyte constructed by metal-organic framework for solid-state, dendrite-free lithium metal battery[J]. Advanced Functional Materials, 2021, 31(3): 2007198.

[47] Zou Z, Li Y, Lu Z, et al. Mobile ions in composite solids[J]. Chemical Reviews, 2020, 120(9): 4169-4221.

[48] Hu Z, Wang Y, Zhao D. The chemistry and applications of hafnium and cerium(Ⅳ) metal-organic frameworks[J]. Chemical Society Reviews, 2021, 50(7): 4629-4683.

[49] Zhu F, Bao H, Wu X, et al. A high-performance metal-organic framework-based single ion conducting solid-state electrolytes for low-temperature lithium metal batteries[J]. ACS Applied Materials & Interfaces, 2019, 11(46): 43206-43213.

[50] Zhang Y, Zhang J, Ding D, et al. Controllable synthesis of three-dimensional β-NiS nanostructured assembly for hybrid-type asymmetric supercapacitors[J]. Nanomaterials, 2020, 10(3): 487.

[51] Krauskopf T, Richter F H, Zeier W G, et al. Physicochemical concepts of the lithium metal anode in solid-state batteries[J]. Chemical Reviews, 2020, 120(15): 7745-7794.

[52] Yang H, Liu B, Bright J, et al. A single-ion conducting UiO-66 metal-organic framework electrolyte for all-solid-state lithium batteries[J]. ACS Applied Energy Materials, 2020, 3(4): 4007-4013.

[53] Zhang Q, Li D, Wang J, et al. Multiscale optimization of Li-ion diffusion in solid lithium metal batteries via ion conductive metal-organic frameworks[J]. Nanoscale, 2020, 12(13): 6976-6982.

[54] Xia Y, Xu N, Du L, et al. Rational design of ion transport paths at the interface of metal-organic framework modified solid electrolyte[J]. ACS Applied Materials & Interfaces, 2020, 12(20): 22930-22938.

[55] Wang S, Li X, Cheng T, et al. Highly conjugated three-dimensional covalent organic frameworks with enhanced Li-ion conductivity as solid-state electrolytes for high-per-

formance lithium metal batteries[J]. Journal of Materials Chemistry A, 2022, 10: 8761-8771.

[56] Mautschke H H, Llabres I. , Xamena F. X. One-step chemo-, regio- and stereoselective reduction of ketosteroids to hydroxysteroids over Zr-containing MOF-808 metal-organic frameworks[J]. Chemistry, 2021, 27(41): 10766-10775.

[57] Yang H, Liu B, Bright J, et al. A single-ion conducting UiO-66 metal-organic framework electrolyte for all-solid-state lithium batteries[J]. ACS Applied Energy Materials, 2020, 3(4): 4007-4013.

[58] Wu F, Liu L, Wang S, et al. Solid state ionics-selected topics and new directions[J]. Progress in Materials Science, 2022, 126: 100921.

[59] Kim J H, Park D H, Jang J S, et al. High-performance free-standing hybrid solid electrolyte membrane combined with $Li_{6.28}Al_{0.24}La_3Zr_2O_{12}$ and hexagonal-bn for all-solid-state lithium based batteries[J]. Chemical Engineering Journal, 2022, 446: 137035.

[60] Li T, Pan Y, Shao B, et al. Covalent-organic framework (COF)-core-shell composites: classification, synthesis, properties, and applications[J]. Advanced Functional Materials, 2023, 33(45): 2304990.

[61] Zhang J, Zhou L, Jia Z, et al. Construction of covalent organic framework with unique double-ring pore for size-matching adsorption of uranium[J]. Nanoscale, 2020, 12(47): 24044-24053.

[62] Zhao G, Mei Z, Duan L, et al. COF-based single Li^+ solid electrolyte accelerates the ion diffusion and restrains dendrite growth in quasi-solid-state organic batteries[J]. Carbon Energy, 2023, 5(2): 248.

[63] Zhang S, Zhao F, Chang L Y, et al. Amorphous oxyhalide matters for achieving lithium superionic conduction[J]. Journal of the American Chemical Society, 2024, 146(5): 2971-2985.

[64] Yuan Y, Yang Y, Meihaus K R, et al. Selective scandium ion capture through coordination templating in a covalent organic framework[J]. Nature Chemistry, 2023, 15(11): 1599-1606.

[65] An Q, Wang H, Zhao G, et al. Understanding dual-polar group functionalized COFs for accelerating Li-ion transport and dendrite-free deposition in lithium metal anodes[J]. Energy & Environmental Materials, 2023, 6(2): 12345.

[66] Bai X, Zhao G, Yang G, et al. Multifunctional double layer based on regional segregation for stabilized and dendrite-free solid-state Li batteries[J]. Advanced Energy Materials, 2024: 2304112.

[67] Liao J, Longchamps R S, McCarthy B D, et al. Lithium iron phosphate superbattery for mass-market electric vehicles[J]. ACS Energy Letters, 2024, 9: 771-778.

[68] Li B, Chao Y, Li M, et al. A review of solid electrolyte interphase (SEI) and dendrite formation in lithium batteries [J]. Electrochemical Energy Reviews, 2023, 6(1): 7.

[69] Li X, He C, Zheng J, et al. Flocculent Cu caused by the Jahn-Teller effect improved the performance of Mg-MOF-74 as an anode material for lithium-ion batteries[J]. ACS Applied Materials & Interfaces, 2020, 12(47): 52864-52872.

[70] Liu J, Tan Y, Shen E, et al. Highly water-stable bimetallic organic framework MgCu-MOF74 for inhibiting bacterial infection and promoting bone regeneration[J]. Biomedical Materials, 2022, 17(6): 65026.

[71] Huang W H, Li X M, Yang X F, et al. The recent progress and perspectives on the metal-and covalent-organic frameworks based solid-state electrolytes for lithium-ion batteries [J]. Materials Chemistry Frontiers, 2021, 5: 3593-3613.

[72] McConohy G, Xu X, Cui T, et al. Mechanical regulation of lithium intrusion probability in garnet solid electrolytes [J]. Nature Energy, 2023, 8: 241-250.

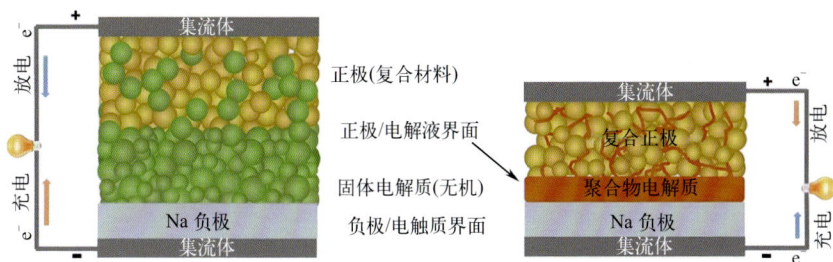

图 1-1　无机（左）和聚合物（右）电解质的全固态钠电池示意图

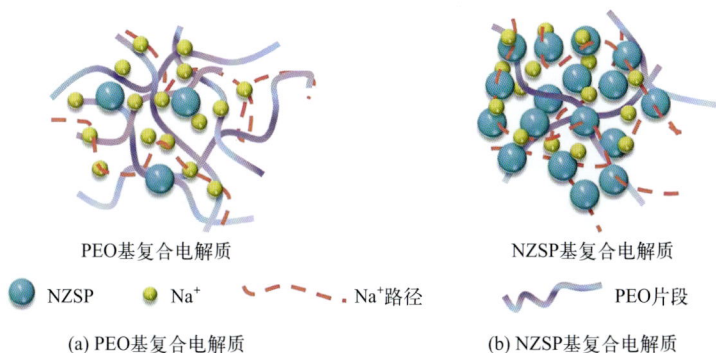

PEO基复合电解质　　　　　　　　　　NZSP基复合电解质

● NZSP　● Na⁺　‒ ‒ ‒ Na⁺路径　～～ PEO片段

(a) PEO基复合电解质　　　　　　　(b) NZSP基复合电解质

图 1-5　复合电解质中 Na⁺ 传输模型示意图

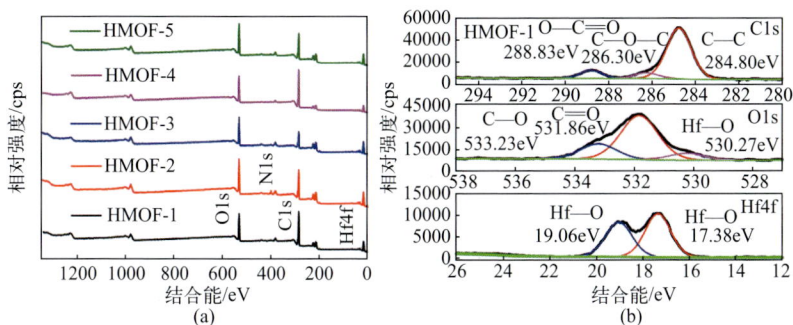

(a)　　　　　　　　　　　　　(b)

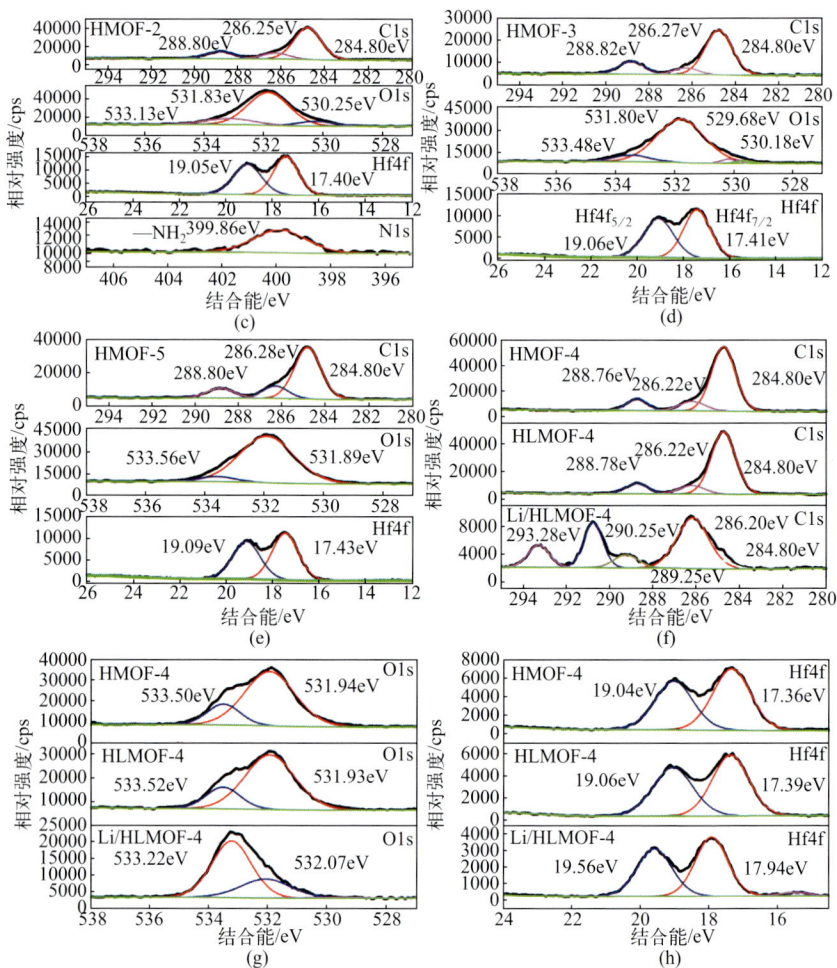

图 3-6　HMOFs 的 XPS 全谱图

各元素分谱图［图（a）］；HMOF-1［图（b）］、HMOF-2［图（c）］、
HMOF-3［图（d）］和 HMOF-5［图（e）］的 C、Hf、O 及 N 元素的分谱图；
HMOF-4、HLMOF-4 和 Li/HLMOF-4 的 C 窄谱图［图（f）］、O 窄谱图
［图（g）］和 Hf 窄谱图［图（h）］

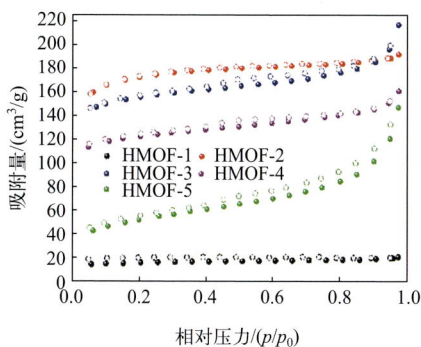

(a) HMOFs的N$_2$吸脱附曲线

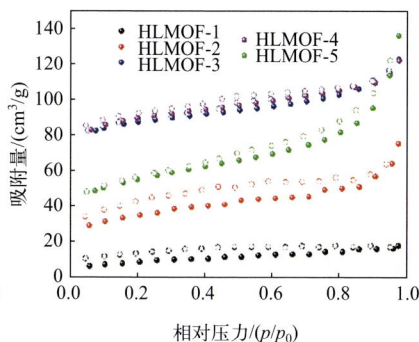

(b) HLMOFs的N$_2$吸脱附曲线

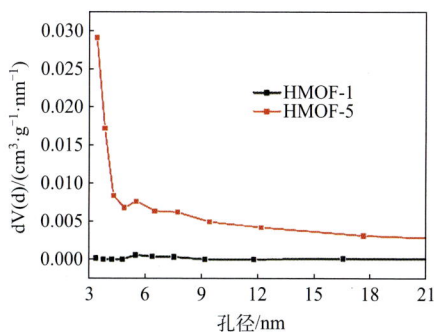

(c) HMOF-1与HMOF-5的孔径分布

图 3-7　BET 吸附测试图

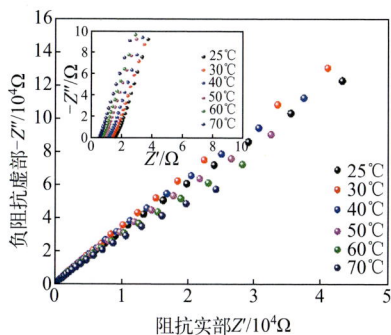

(a) Li/HLMOF-1的EIS曲线

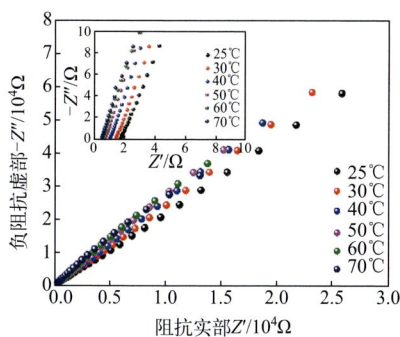

(b) Li/HLMOF-2的EIS曲线

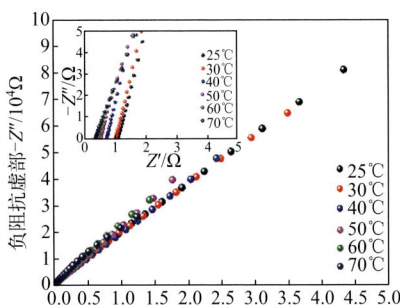

(c) Li/HLMOF-3的EIS曲线

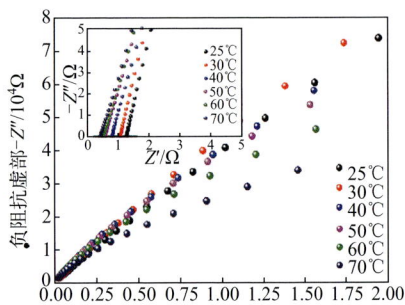

(d) Li/HLMOF-4的EIS曲线

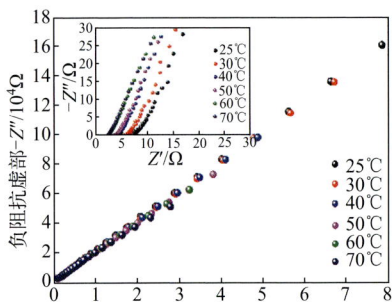

(e) Li/HLMOF-5的EIS曲线

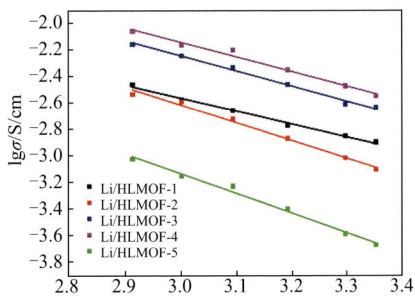

(f) Li/HLMOFs的阿伦尼乌斯图

图 3-8　电解质膜 Li/HLMOFs 的 EIS 测试及阿伦尼乌斯图

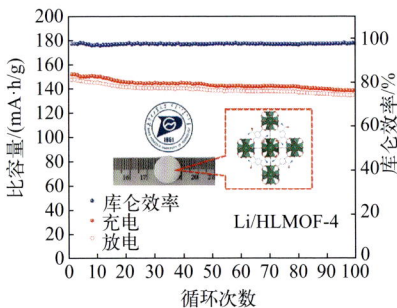

(a) 0.2C

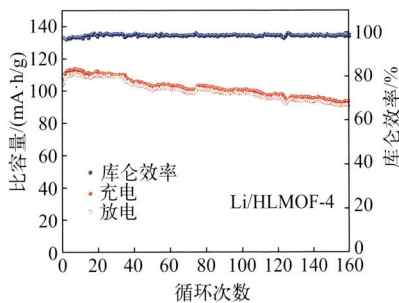

(b) 1C

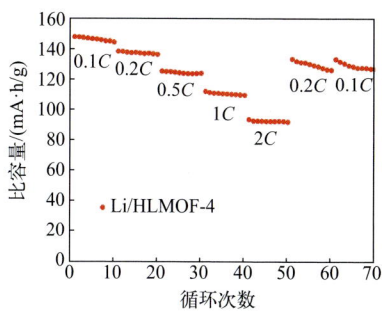
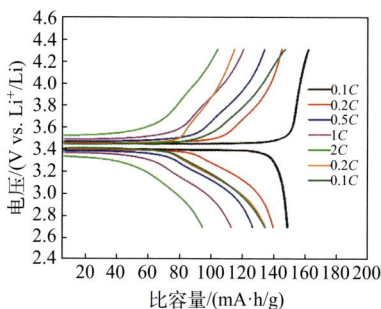

(c) 倍率性能

(d) 充放电曲线

图 3-12　Li│Li/HLMOF-4│LiFePO$_4$ 电池的循环性能测试

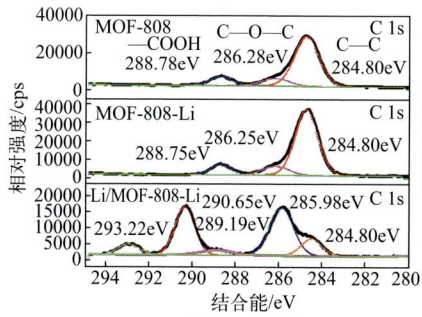
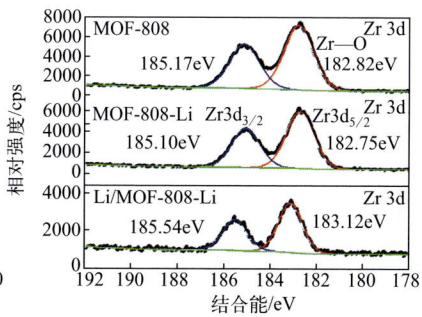

(a) C 1s分谱图

(b) Zr 3d分谱图

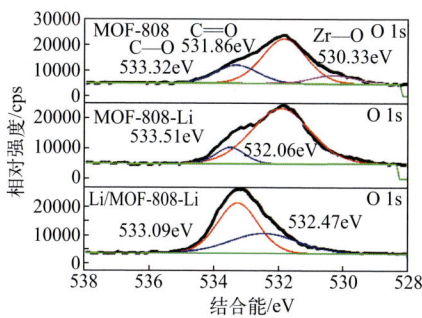
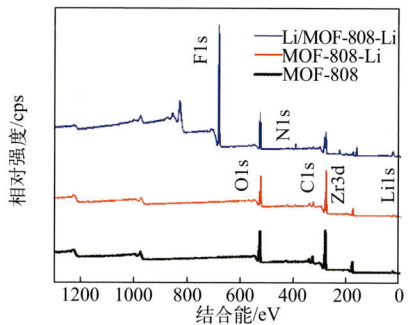

(c) O 1s分谱图

(d) 全谱图

图 4-3　MOF-808、MOF-808-Li、Li/MOF-808-Li
电解质膜的 XPS 图

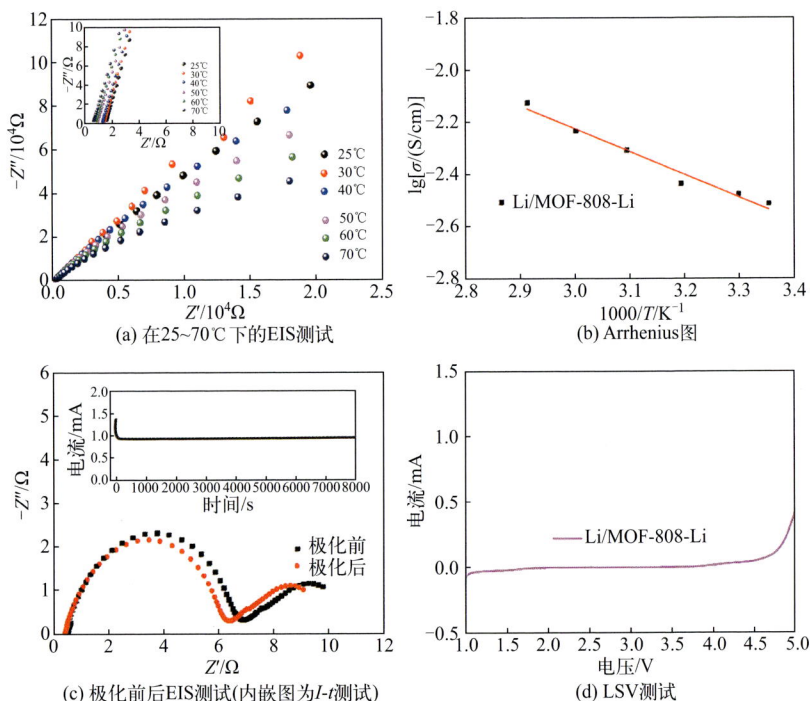

(a) 在25~70℃下的EIS测试

(b) Arrhenius图

(c) 极化前后EIS测试(内嵌图为I-t测试)

(d) LSV测试

图 4-5 电解质膜 Li/MOF-808-Li 的 EIS 测试及 LSV 测试

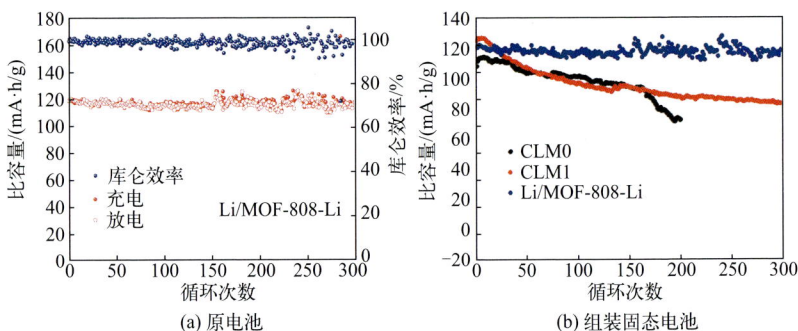

(a) 原电池

(b) 组装固态电池

图 4-7 Li | Li/MOF-808-Li | LiFePO$_4$ 在 1C 下的循环性能

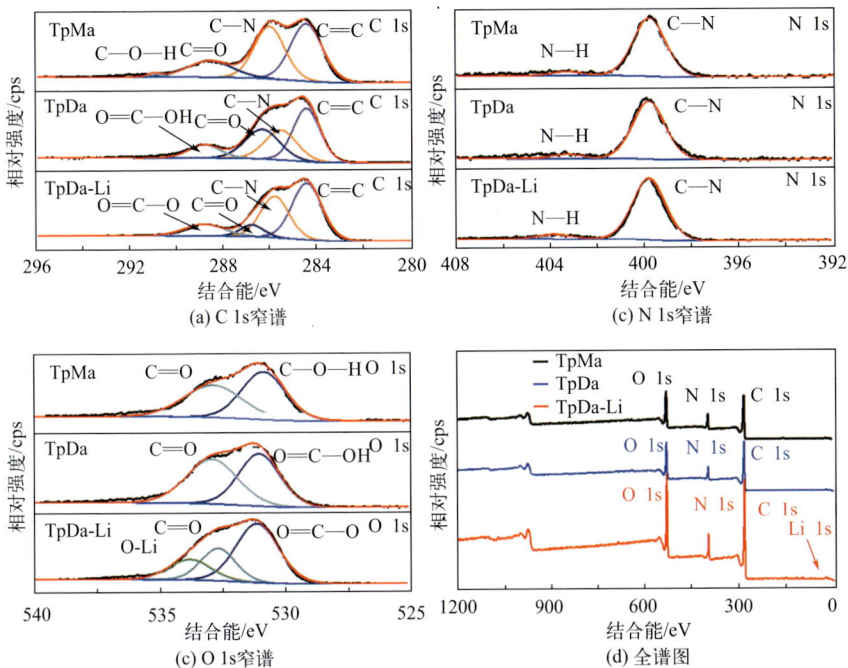

(a) C 1s窄谱   (c) N 1s窄谱

(c) O 1s窄谱   (d) 全谱图

图 5-3   TpMa、TpDa 和 TpDa-Li 的 XPS 测试

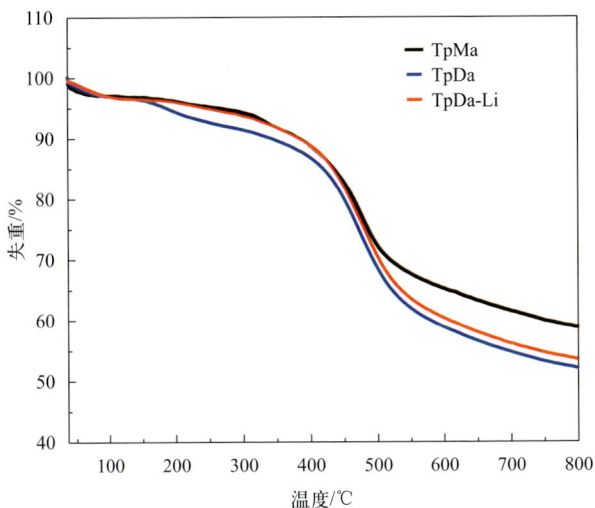

图 5-6   TpMa、TpDa 和 TpDa-Li 的 TG 测试

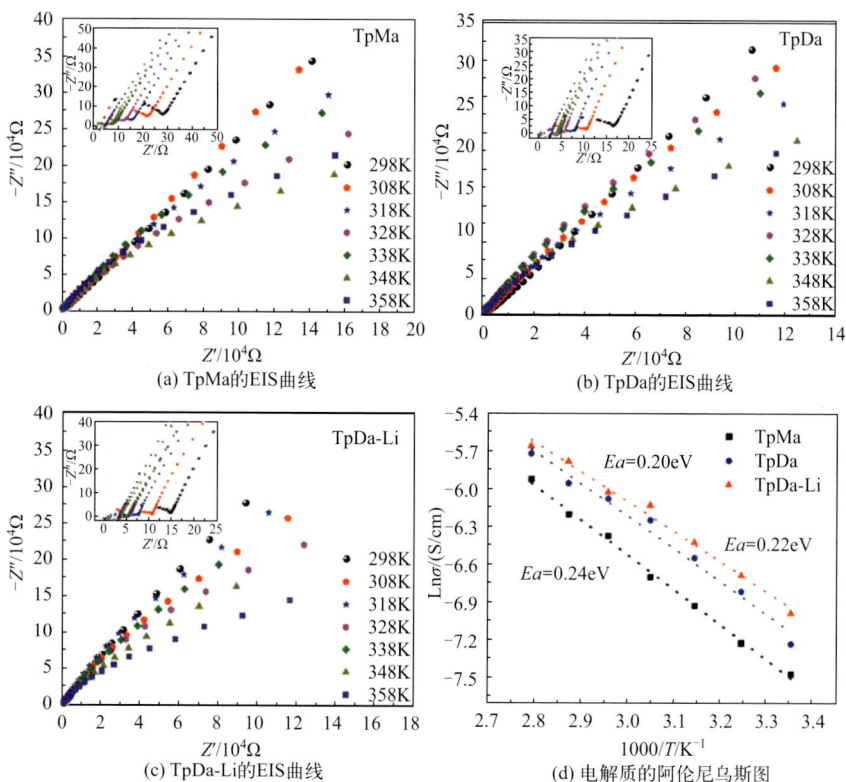

(a) TpMa的EIS曲线

(b) TpDa的EIS曲线

(c) TpDa-Li的EIS曲线

(d) 电解质的阿伦尼乌斯图

图 5-8　TpMa 类电解质膜的 EIS 测试及阿伦尼乌斯图

[图（a）～（c）插图为阻抗高频区放大图]

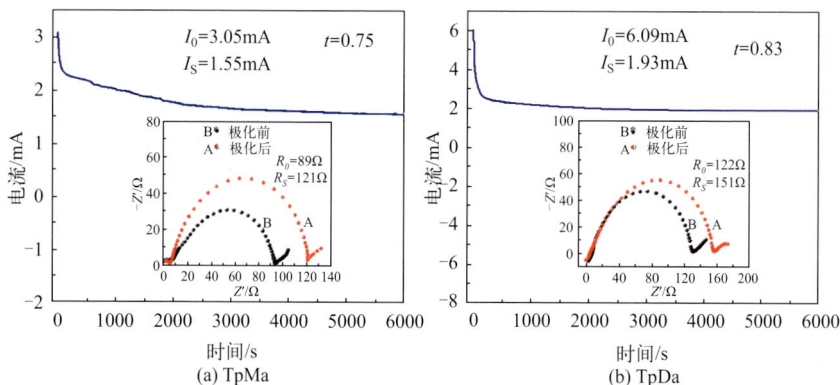

(a) TpMa

(b) TpDa

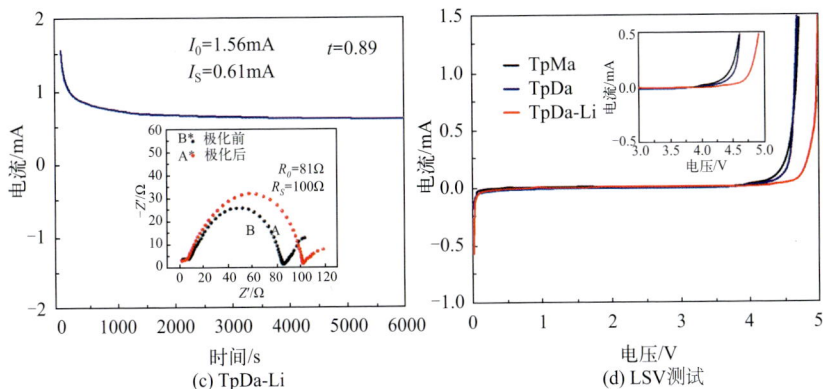

图 5-9 TpMa 类电解质膜的锂离子迁移数和 LSV 测试

[图（a）～（c）插图为极化前后阻抗测试图，图（d）为放大图）]

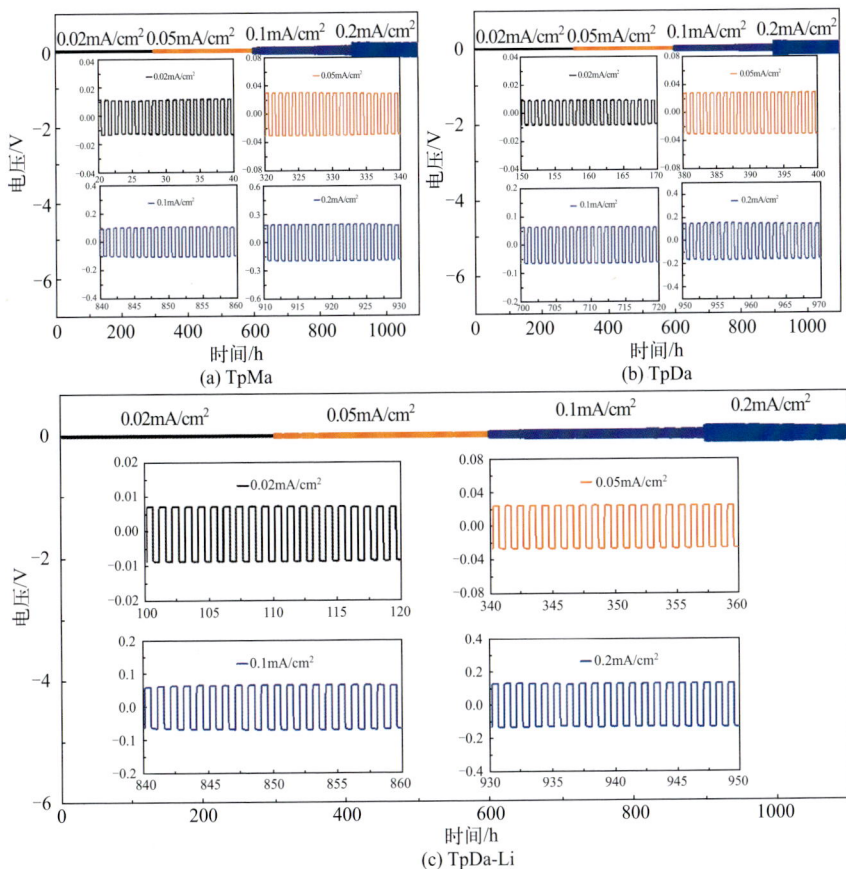

图 5-10 TpMa 类电解质膜在对称锂电池中的剥离电镀行为
（插图为不同电流密度的放大图）

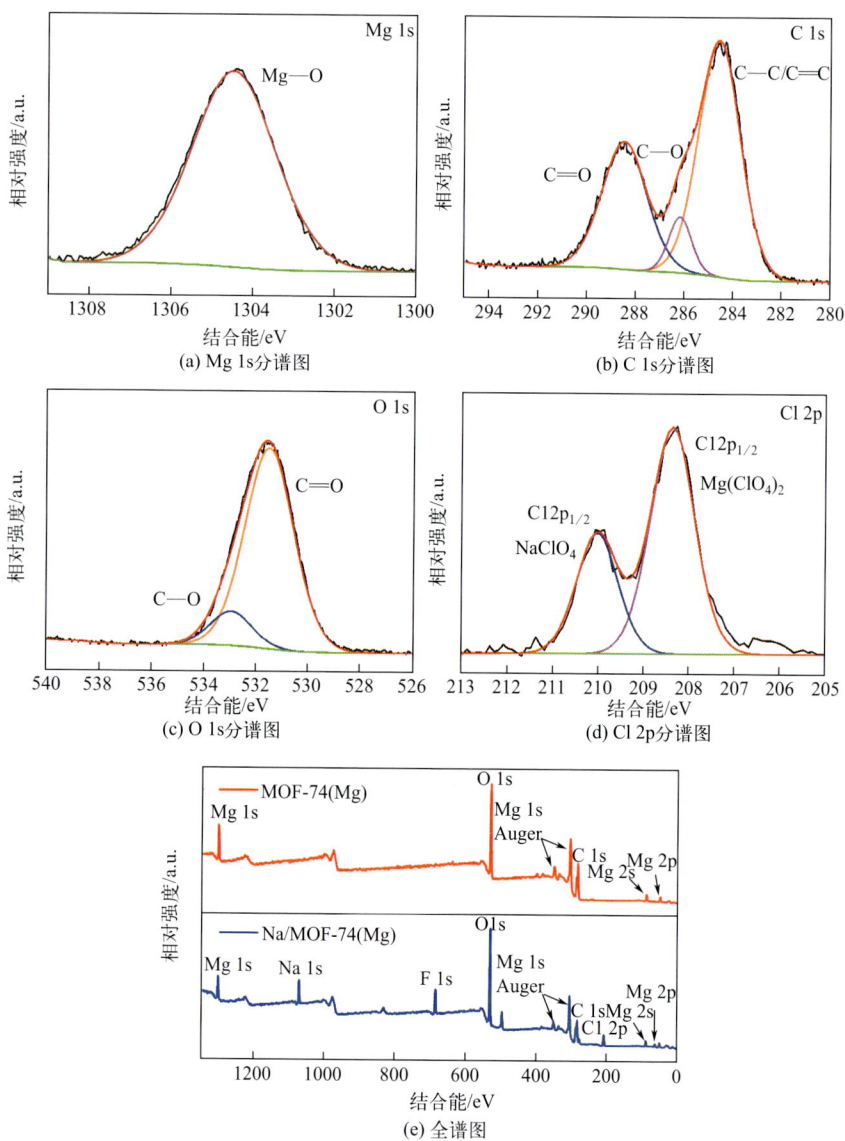

(a) Mg 1s分谱图

(b) C 1s分谱图

(c) O 1s分谱图

(d) Cl 2p分谱图

(e) 全谱图

图 6-4　MOF-74（Mg）基材料的 XPS 测试

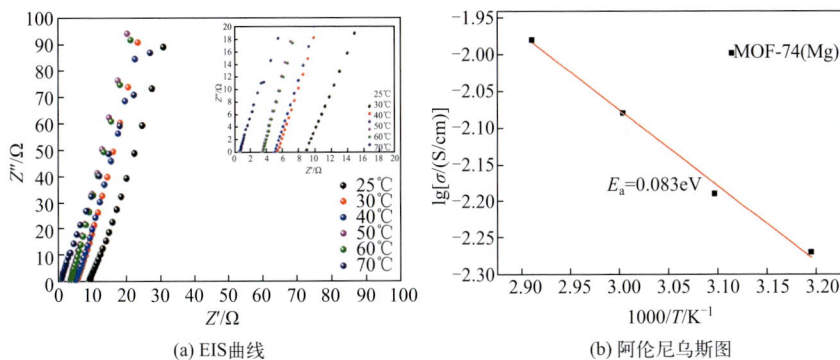

(a) EIS曲线

(b) 阿伦尼乌斯图

图 6-7　电解质膜 Na/MOF-74（Mg）的交流阻抗图谱和阿伦尼乌斯图

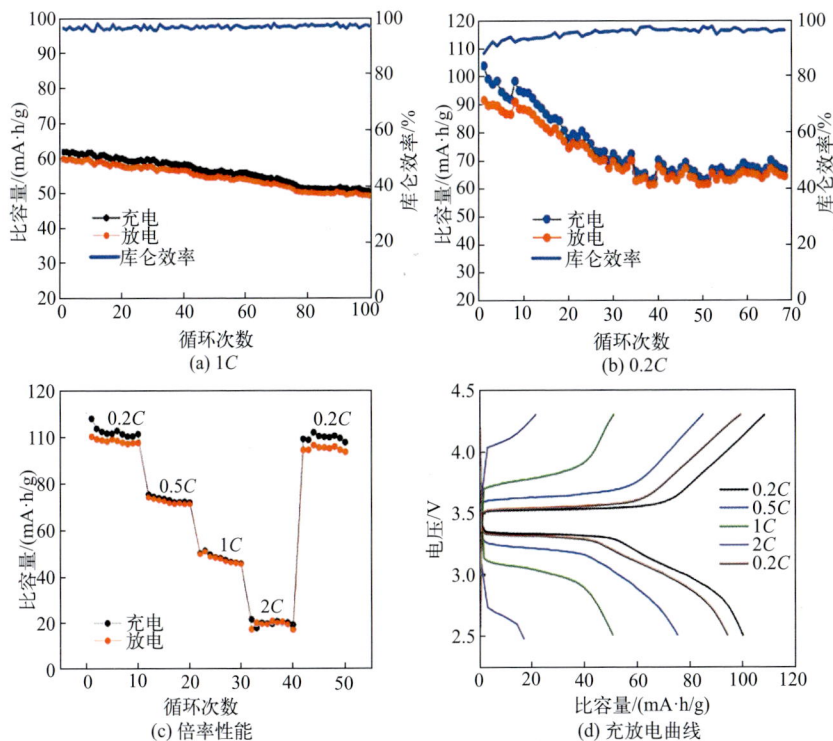

(a) 1C

(b) 0.2C

(c) 倍率性能

(d) 充放电曲线

图 6-11　Na₃V₂（PO₄）₃｜MOF-74（Mg）｜Na 电池在
不同倍率下的恒电流充放电曲线

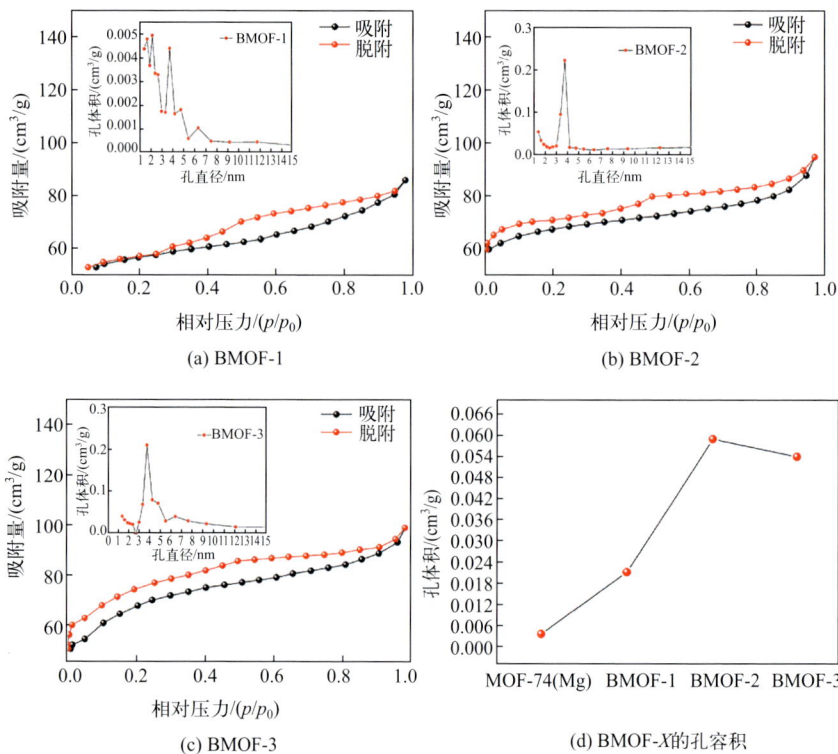

(a) BMOF-1

(b) BMOF-2

(c) BMOF-3

(d) BMOF-X的孔容积

图 7-3 BET 测试及孔容积

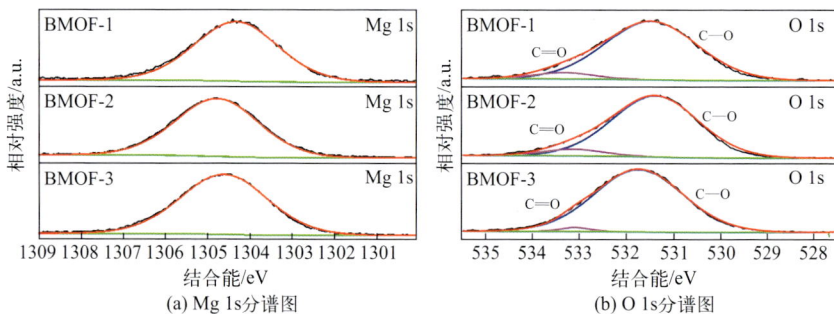

(a) Mg 1s分谱图

(b) O 1s分谱图

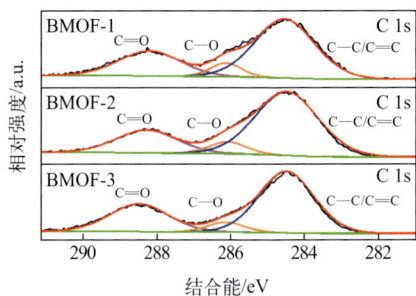

(c) C 1s分谱图

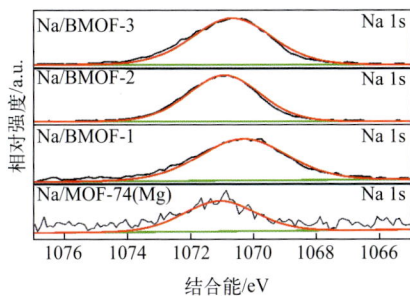

(d) 电解质膜Na/BMOF-2的Na 1s分谱图

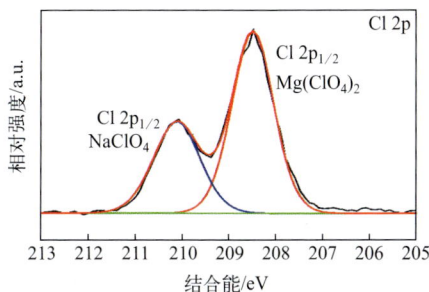

(e) 电解质膜Na/BMOF-2的Cl 2p分谱图

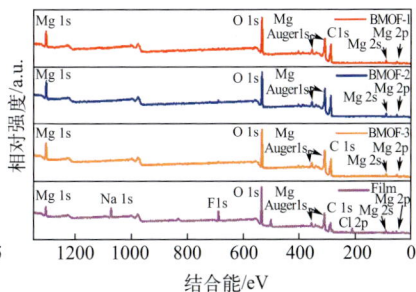

(f) 全谱图

图 7-5　BMO Fs-X 的 XPS 测试

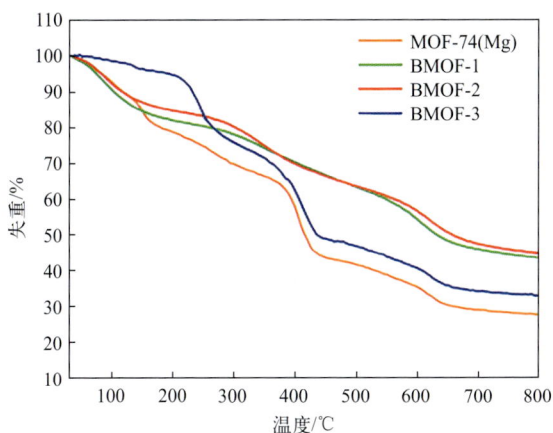

图 7-6　MOF-74（Mg）、BMOF-1、BMOF-2 和 BMOF-3 的 TG 测试

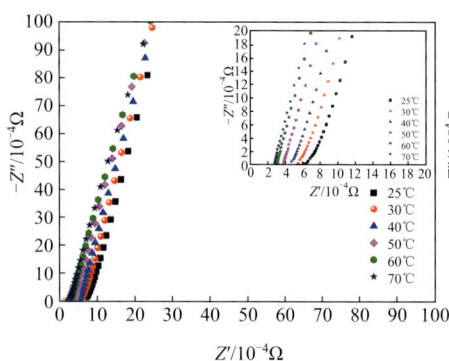

(a) Na/BMOF-1的EIS曲线

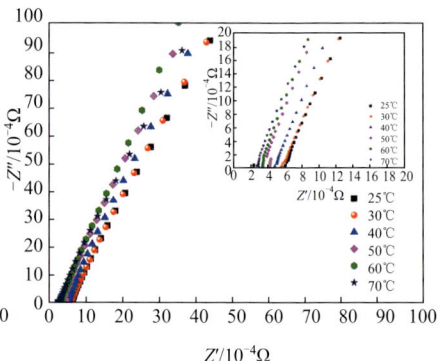

(b) Na/BMOF-2的EIS曲线

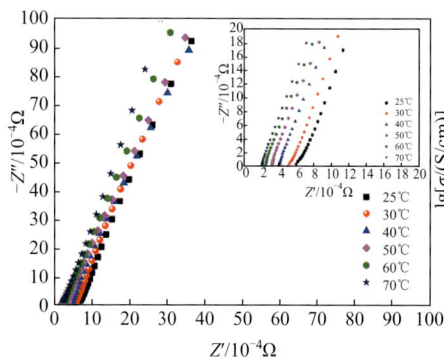

(c) Na/BMOF-3的EIS曲线

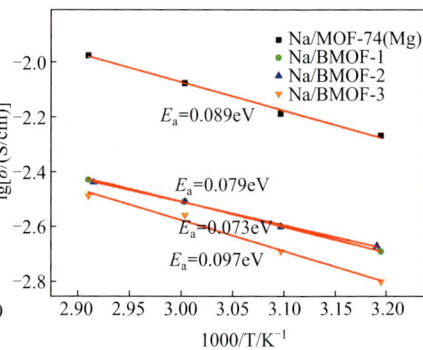

(d) 阿伦尼乌斯图

图 7-7　电解质膜 Na/BMOFs-X 的 EIS 测试及阿伦尼乌斯图

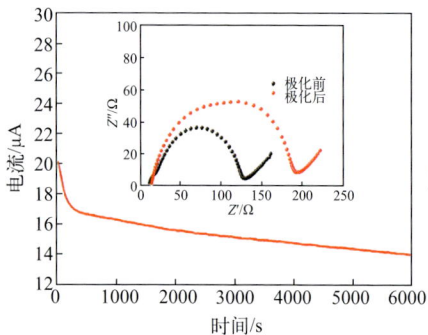

(a) Na/BMOF-1

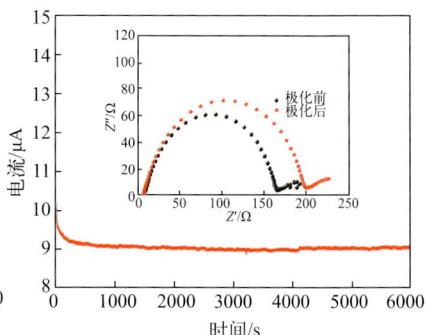

(b) Na/BMOF-2

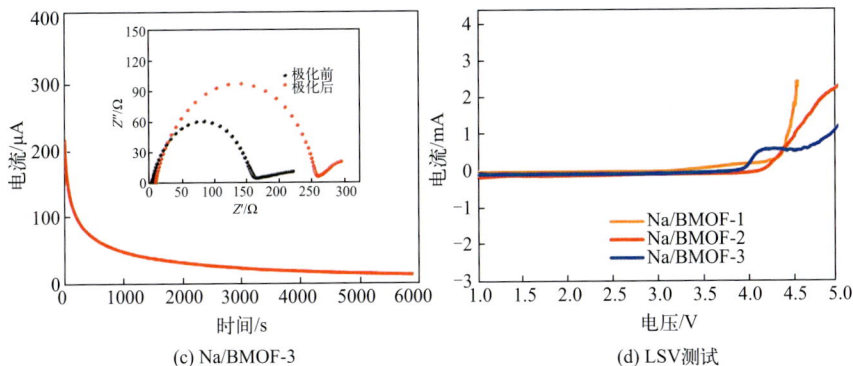

(c) Na/BMOF-3

(d) LSV测试

图 7-8　电解质膜 Na/BMOFs-X 的 Na$^+$ 迁移数和 LSV 测试

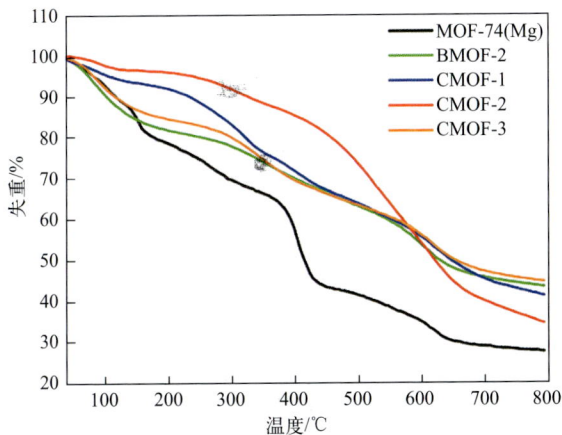

图 8-4　MOF-74（Mg）、BMOF-2、CMOFs-X 材料的 TG 测试

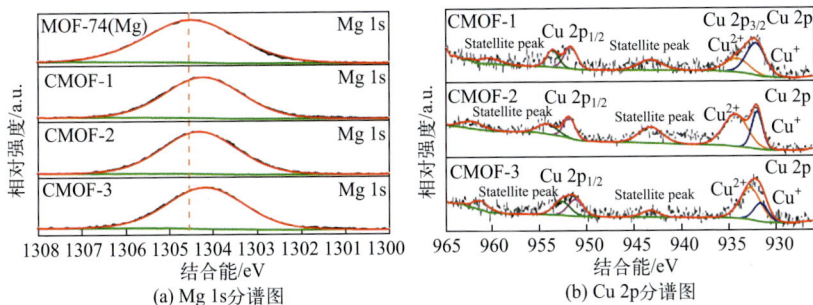

(a) Mg 1s分谱图

(b) Cu 2p分谱图

(c) Na 1s分谱图

(d) Cl 2p分谱图

(e) Cu 2p分谱图

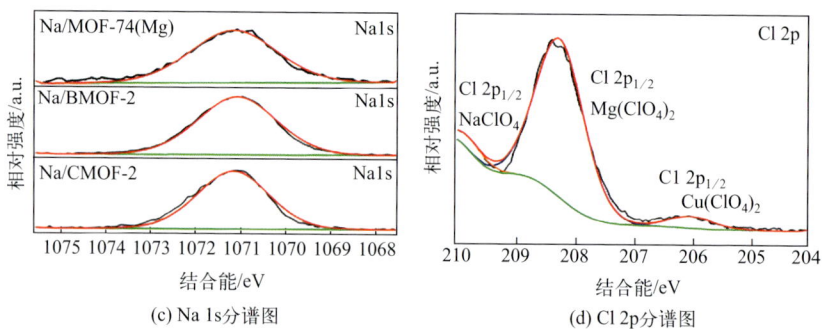

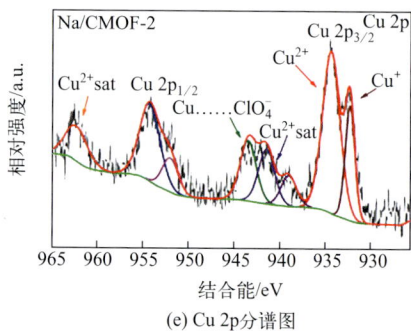

图 8-5　CMOFs-X 的 XPS 测试

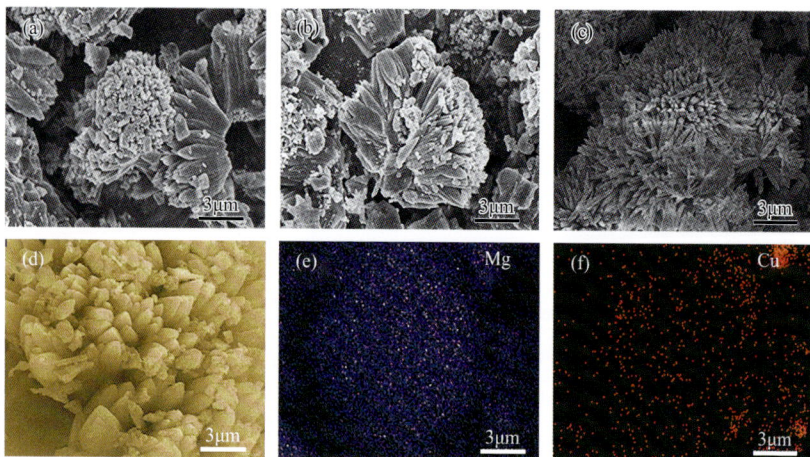

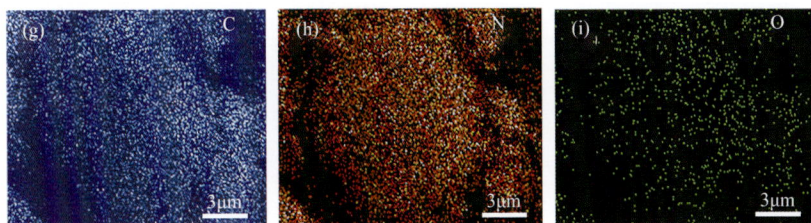

图 8-6 CMOFs-X（X=10%、20%、30%）的 SEM 图

[图（a）CMOF-1；图（b）CMOF-2；图（c）CMOF-3 及 CMOF-2 材料的能谱图；
图（d）CMOF-2 材料所有元素的映射；图（e）Mg；图（f）Cu；图（g）C；
图（h）N；图（i）O 元素的 EDS 映射]

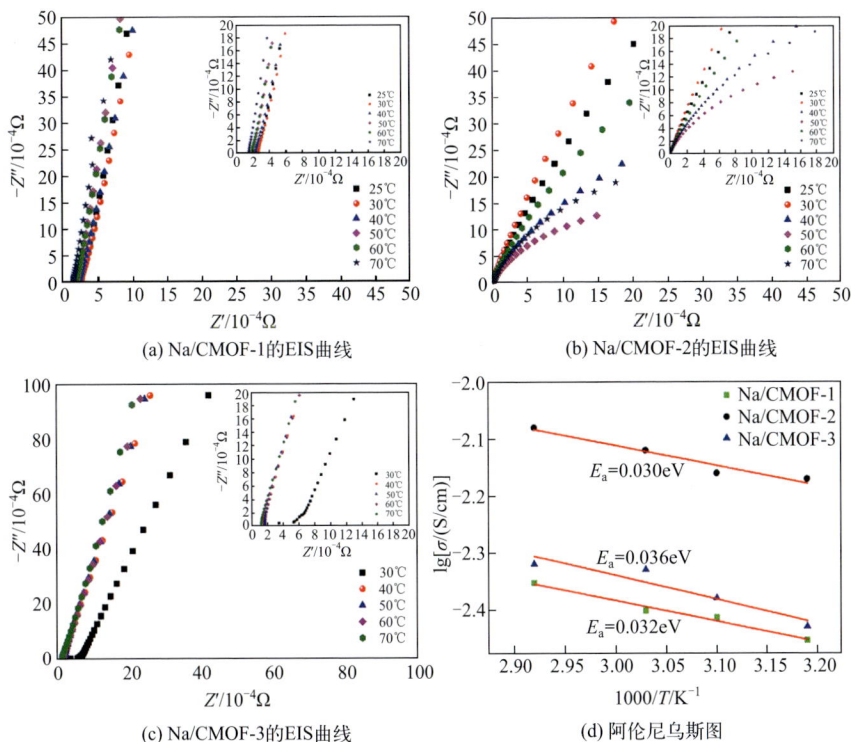

(a) Na/CMOF-1的EIS曲线

(b) Na/CMOF-2的EIS曲线

(c) Na/CMOF-3的EIS曲线

(d) 阿伦尼乌斯图

图 8-7 电解质膜 Na/CMOFs-X 的 EIS 测试及阿伦尼乌斯图